W0261710

WERKSTATTBÜCHER

Herausgeber-Kollegium
Leitender Oberschulrat Dr.-Ing. HERMANN DETERMANN, Hamburg, Schulbehörde
Dozent Dipl.-Ing. WERNER MALMBERG, Hamburg, Ingenieurschule
Professor Dr. HELMUT RATTAY, Dipl.-Ing., Hamburg, Universität

Gesamtverzeichnis der Werkstattbücher mit Inhaltsangabe jedes einzelnen Heftes erhältlich in
Fachbuchhandlungen und unmittelbar beim
Springer-Verlag, 1 Berlin 33, Heidelberger Platz 3

**Verzeichnis der zur Zeit lieferbaren und der in Kürze erscheinenden Hefte,
nach Fachgebieten geordnet**

Preis jedes Heftes DM 4,50 (der mit * bezeichneten DM 6,–, der mit ** bezeichneten DM 7,50)
Bei gleichzeitigem Bezug von 10 beliebigen Heften ermäßigt sich der Heftpreis um 20%

(Fortsetzung 3. Umschlagseite)

WERKSTATTBÜCHER

Für Betriebsfachleute, Konstrukteure und Studenten

Herausgeber H. Determann, W. Malmberg, H. Rattay

Heft 35

Der Vorrichtungsbau

Von

Heinrich Mauri

Hamburg

Zweiter Teil

Typische allgemein verwendbare Vorrichtungen
(Konstruktive Grundsätze, Beispiele, Fehler)

Siebente Auflage
(44. bis 51. Tausend)

Mit 176 Abbildungen

Springer-Verlag
Berlin / Heidelberg / New York
1968

Inhaltsverzeichnis

Titel-Nr. 7018

ISBN 978-3-540-04381-2   ISBN 978-3-642-88680-5 (eBook)
DOI 10.1007/ 978-3-642-88680-5

Vorwort

Die Reihe „Vorrichtungsbau" der Werkstattbücher umfaßte bisher die Hefte 33 (I. Teil), 35 (II. Teil) und 42 (III. Teil). Schon bei der vorigen Auflage dieses II. Teiles wurde im Vorwort darauf hingewiesen, daß in einem neuen IV. Teil „Vollständige Bearbeitungsbeispiele mit Vorrichtungen" behandelt und verschiedene Beispiele aus früheren Auflagen des II. Teiles dorthin übernommen werden sollen. — Das Werkstattbuch Heft 51 ergänzt die genannten Hefte[1].

Ebenso wie die 8. Auflage des I. Teiles (1965 erschienen) liegt hier jetzt auch die im obigen Sinne gestaltete 7. Auflage[2] von Heft 35 vor. Sie ist nun ausschließlich für jene Abschnitte vorgesehen, die das Wesen und die konstruktiven Grundsätze sowie eine Anzahl typischer, allgemein verwendbarer Vorrichtungen behandeln, außerdem in einem besonderen Kapitel gewisse Fehler an Vorrichtungen kritisch besprechen.

Die angeführten Beispiele typischer Vorrichtungen haben sich zwar in der Praxis bewährt, können aber nicht als allgemein gültige Rezepte gelten. Vielmehr wird ihre spezielle Gestaltung im wesentlichen durch die Stückzahl der zu bearbeitenden Werkstücke und die im Betrieb vorhandenen Werkzeugmaschinen und Einrichtungen bestimmt. So kann es für den einen Betrieb durchaus vorteilhaft sein, derartige Vorrichtungen für hydraulisches Spannen einzurichten, während ein anderer Betrieb dafür vielleicht wirtschaftlicher Preßluftspannung vorsieht und ein dritter besser bei der herkömmlichen Ausführung bleibt.

Es würde den vorgeschriebenen Rahmen dieses Buches sprengen, wenn man die gebrachten Beispiele in allen möglichen Ausführungsformen darstellen wollte. Immerhin hat der Verfasser sie so gewählt, daß die neuzeitlichen Anwendungsformen der verschiedenen Spannarten für die Reihenfertigung berücksichtigt werden.

I. Verwendung der Gemeinvorrichtungen im Vorrichtungsbau

Bei der Konstruktion von Vorrichtungen muß sich der Konstrukteur in jedem Fall überlegen, ob und in welchem Umfang die allgemein gebräuchlichen und handelsüblichen Spannmittel und Gemeinvorrichtungen, wie Spannfutter, Spanndorne, Maschinenschraubstöcke, Teilköpfe, Teiltische, Winkelteilköpfe, verstellbare Spannwinkel, Schwenktische u. dgl., verwandt werden können. Sei es nun, daß sie zu Sondervorrichtungen umgestaltet werden, indem man ihre Wirkungsweise durch Ergänzungsteile erweitert, oder, daß sie als Elemente gewisser Vorrichtungen eingesetzt werden können; immer werden sich in den Fällen ihrer Verwendungsmöglichkeit besondere Vorteile ergeben. Ganz besonders ist dieser Grundsatz aber dann zu berücksichtigen, wenn es sich bei den zu bearbeitenden Werkstücken um kleinere Stückzahlen handelt, so daß also eine möglichst einfache und doch zweckmäßige Ausführung die Grundbedingung für den erfolgreichen Einsatz ist.

---

[1] DEURING, K.: Spannen im Maschinenbau. Verfahren und Werkzeuge zum Aufspannen der Werkstücke auf den Maschinen. Werkstattbuch Heft 51.

[2] Die ersten drei Auflagen dieses Buches, bearbeitet von F. KLAUTKE (gest. 1942) unter dem Pseudonym GRÜNHAGEN, erschienen 1928, 1936 und 1941, die 4., 5. und 6. Auflage, vom jetzigen Verfasser bearbeitet, 1942, 1952 und 1963.

In den nachfolgenden Abschnitten sind auch einige Verwendungsbeispiele von Gemeinvorrichtungen im Vorrichtungsbau wiedergegeben. Wegen der besseren Übersicht sind sie nicht gesondert aufgeführt worden, sondern immer bei der entsprechenden Gattung, zu der sie ihrer Art nach gehören.

II. Reine Spannvorrichtungen

A. Allgemeine konstruktive Grundsätze

1. Allgemeine Anforderungen an die Spannvorrichtungen. In der Reihen- und Massenfertigung fällt das Anreißen grundsätzlich fort, denn es ist nicht nur an und für sich eine zeitraubende und teure Nebenarbeit, sondern es bedingt auch, daß die Werkstücke handwerksmäßig aufgespannt und mit Parallelreißer oder anderen Hilfsmitteln nach dem Vorriß ausgerichtet werden. Die Werkstücke müssen vielmehr ohne Vorriß schnell und zuverlässig durch ganz bestimmte Handgriffe von ungelernten Arbeitern aufgespannt werden können. Es dürfen daher nur Schnellspannvorrichtungen verwendet werden, die das Werkstück selbsttätig zentrieren und bestimmen, damit die Aufspannzeiten so weitgehend wie nur möglich verkürzt werden. Demnach sind Spannorgane, bei denen Hilfsmittel wie Schraubenschlüssel od. dgl. nötig sind, möglichst zu vermeiden.

2. Wirkungsweise der Spannvorrichtungen. Spannvorrichtungen müssen die durch die Bearbeitungsmaschine auf das Werkstück wirkende Schnittkraft aufnehmen. Zu dem Zweck werden sie selbst auf der Maschine befestigt und bilden somit einen Teil von ihr. Die Spannkraft wird auf folgende zwei Arten auf das Werkstück übertragen:

a) Nur durch Gleitwiderstand infolge von Flächenpressung (Abb. 1 u. 2). Hierbei wird das Werkstück nur festgeklemmt, wie z. B. in bekannter Weise im Schraubstock oder in den Kloben der Planscheibe. Der Gleitwiderstand muß

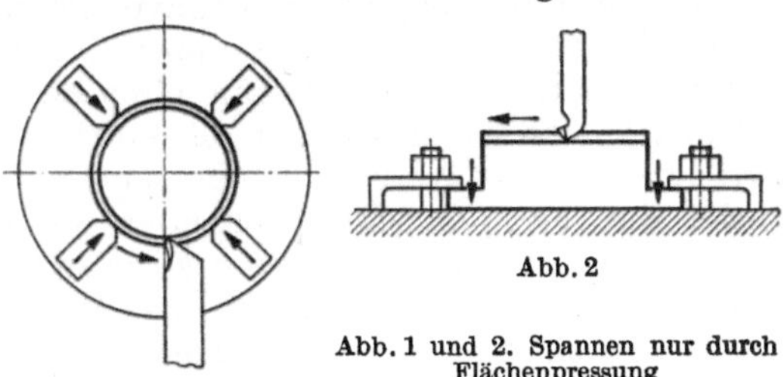

Abb. 1

Abb. 2

Abb. 1 und 2. Spannen nur durch Flächenpressung

größer sein als die Bearbeitungskraft, sonst gleitet das Werkstück in den Spannbacken. Da beide Kräfte aber schwer zu bestimmen und zu prüfen sind, so wird in der Regel mit einer großen Sicherheit gearbeitet, indem einerseits die Spannelemente überbeansprucht und andererseits zu kleine Späne angestellt werden. Für Schrupparbeiten eignen sich solche Spannvorrichtungen also nicht, zumal wenn sie in völlig unkontrollierbarer Weise von Hand gespannt werden; denn sie beschränken oft die volle Ausnutzung der Maschine.

b) Durch Anschlag und Flächenpressung (Abb. 3···5). Um das Gleiten der Werkstücke bei schweren Schrupparbeiten zu verhüten, ohne die Spannmittel übermäßig zu beanspruchen, muß die Schnittkraft nicht allein durch die Reibung der Flächenpressung, sondern hauptsächlich durch feste Anschläge aufgenommen werden. Das Werkstück muß sich also in Richtung des Schnittdruckes gegen einen festen unveränderlichen Anschlag legen. Bei der Langbearbeitung ist das stets ohne weiteres möglich, bei der Rundbearbeitung gestattet die natürliche Form des Werkstückes es wohl öfters, in anderen Fällen wird das Werkstück aber erst entsprechend vorbereitet werden müssen: An Guß- und Schmiedeteilen kann man Knaggen anbringen lassen, die später wieder entfernt werden, auch können besondere Mitnehmerlöcher vorgesehen werden; endlich kann man auch oft Schraubenlöcher für die Mitnahme verwenden, die man vor, anstatt nach der Rundbearbeitung bohrt. In allen Fällen wird und muß sich stets ein Weg finden lassen, um Werkstück und Vorrichtung miteinander starr kuppeln zu können.

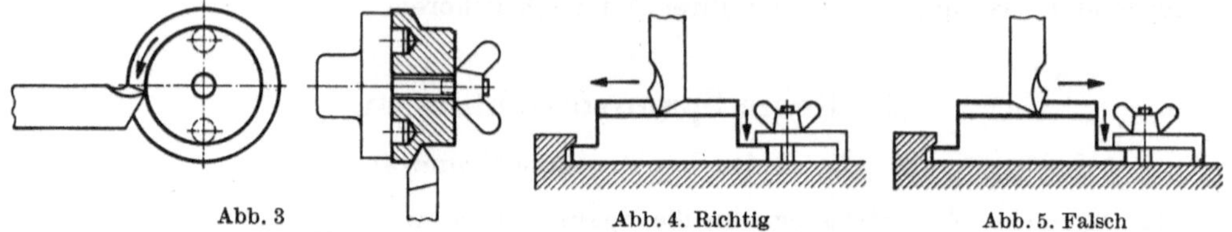

Abb. 3
Abb. 4. Richtig
Abb. 5. Falsch

Abb. 3···5. Spannen durch Anschlag und Flächenpressung

Während in den Beispielen Abb. 1 und 2 trotz kräftigen Festspannens nur mäßige Späne angestellt werden können, ist in den Abb. 3 und 4 das Gegenteil der Fall, obwohl, bildlich durch Flügelmuttern ausgedrückt, nur mäßig gespannt wird. Selbstverständlich darf die Schnittkraft niemals, wie in Abb. 5, vom Anschlag weg gegen das Spannelement gerichtet sein.

3. Konstruktive Richtlinien. Die Spannvorrichtungen für die erste Bearbeitungsstufe sind die wichtigsten, denn von ihnen hängt in der Regel die gute Ausführung sämtlicher nachfolgenden Arbeitsstufen ab. Fehler in der Wirkungsweise und der Ausführung beeinflussen den gesamten Bearbeitungsvorgang sehr ungünstig. Ist an einem Werkstück erst einmal eine Fläche bearbeitet, so wird von dieser in der nächsten und in der Regel auch in allen weiteren Arbeitsstufen ausgegangen. Die dafür benötigten Spannvorrichtungen sind meistens einfacherer Art.

Die Kraft der Spannelemente muß stets auf einen nicht nachgiebigen Teil des Werkstückes treffen und gradlinig ohne Zwischenraum auf die Auflage- bzw. Anschlagfläche des Werkstückes in der Vorrichtung fortgeleitet werden. Jede Spannvorrichtung muß auch starr genug sein, um den bei der Bearbeitung des Werkstückes auftretenden Schwingungen zu widerstehen. Durch Schwingungen würde die Genauigkeit und die Güte der zu bearbeitenden Oberflächen in Frage gestellt werden. Aus diesem Grunde muß das Werkstück möglichst dicht unter der Bearbeitungsstelle unterstützt werden, um so von vornherein lange Hebelarme für den Angriff der Bearbeitungskräfte zu vermeiden; deshalb sollte jede Spannvorrichtung auch so niedrig wie möglich sein. Je höher die zu bearbeitende Werkstückfläche über dem Spanntisch der Werkzeugmaschine liegt, um so eher neigt das ganze System zum Schwingen.

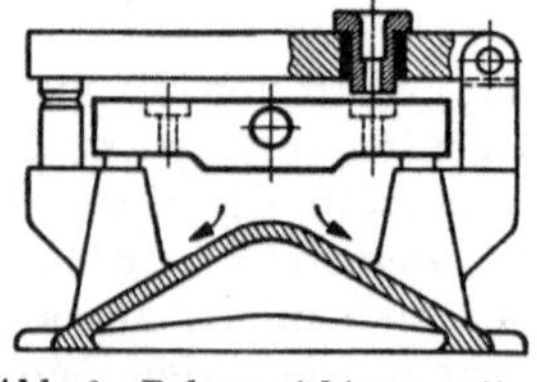

Abb. 6. Bohrvorrichtung mit dachförmigen Rutschflächen

Bei der Konstruktion der Vorrichtung ist darauf zu achten, daß enge Zwischenräume und Vertiefungen, in denen sich Schmutz und Späne ansammeln können, vermieden werden. Die Auflageflächen für die Werkstücke sind abzusetzen und nicht größer zu machen als notwendig, damit sie leicht sauber zu halten sind. Gehärtete Aufnahmeflächen verhindern vorzeitigen Verschleiß. Für guten Späneabfluß ist durch eine geeignete Form, wie in Abb. 6, Sorge zu tragen. Besondere Hinweise und Richtlinien hierzu sind in Heft 33, Abschn. 61···63 und Heft 42, Abschn. 8 zu finden.

B. Grundsätzliches über Spannvorrichtungen für Rundbearbeitung

4. Bemerkenswerte Regeln. Diese Vorrichtungen gehören zu den umlaufenden Teilen der Bearbeitungsmaschinen; es sind deshalb einige bestimmte Regeln für die Konstruktion zu beachten:

a) Um unnötigen Aufwand und vor allem Arbeitskraft zu ersparen, ist das Gewicht nach Möglichkeit zu beschränken. Der Vorrichtungskörper ist daher in der Regel als Schweißkonstruktion herzustellen. Niemals darf allerdings die Gewichtsverminderung auf Kosten der Starrheit gehen.

b) Bei den schnell umlaufenden Vorrichtungen muß für Gewichtsausgleich gesorgt werden. Praktischerweise sollten an geschweißten Vorrichtungen gleich Gegengewichte mit angeschweißt und an Gußkörpern solche gleich mit angegossen werden. Oft wird es nötig sein, die Vorrichtungen zusammen mit den eingespannten Werkzeugen genau auszuwuchten.

c) Zur Vermeidung von Unfällen dürfen Griffe, Hebel, Schrauben und dgl. möglichst nicht vorspringen. Zum mindesten müssen sie aber, wie in Abb. 7 angedeutet, innerhalb einer runden Lauffläche liegen.

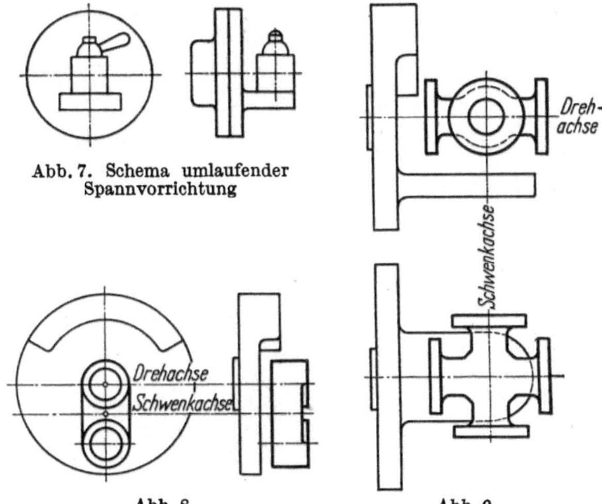

Abb. 7. Schema umlaufender Spannvorrichtung

Abb. 8　　Abb. 9
Abb. 8 und 9. Schema umlaufender schwenkbarer Spannvorrichtungen

5. Schwenkbare Spannvorrichtungen für fliegende Einzelrundbearbeitung. Zur Erhöhung der Austauschfähigkeit ist es oft erwünscht, daß man in einer Aufspannung alles bearbeiten kann. Das kann durch schwenkbare Vorrichtungen erreicht werden, sofern alle Drehachsen der einzelnen zu bearbeitenden Stellen eines Werkstückes in einer Ebene liegen. Durch einfaches Schwenken um eine gemeinsame Achse werden die einzelnen Stellen nacheinander in Arbeitsstellung gebracht. Für eine derartige Bearbeitungsweise eignen sich besonders solche Werkstücke kleineren Umfanges, die vollständig oder teilweise symmetrisch sind und deren einzelne Stellen mit den gleichen Werkzeugen bearbeitet werden können.

Die Vorrichtungen bestehen in der Hauptsache aus einem fest auf der Drehbankspindel sitzenden Körper, mit dem schwenkbar die eigentliche Spannvorrichtung verbunden ist. Die Schwenkachse kann dabei, wie in der schematischen Skizze Abb. 8 angedeutet, parallel zur Drehbankspindel oder auch, wie in Abb. 9, rechtwinklig dazu stehen. In diesem Falle muß der feste Körper meistens die Form eines Winkels haben. Natürlich kann in Sonderfällen die Schwenkachse auch in jeder anderen Richtung angeordnet werden. Bei waagerechter Anordnung der Schwenkachse muß der Schwenkkörper zusammen mit dem Werkstück ausgewuchtet werden, um das Schwenken zu erleichtern. Der Schwenkkörper muß nicht nur in jeder einzelnen Arbeitsstellung durch besondere Organe festgestellt, sondern auch auf der festen Unterlage durch besondere Mittel festgespannt werden.

6. Spannvorrichtungen für Reihenrundbearbeitung. Diese Vorrichtungen werden hauptsächlich zu einem der wirtschaftlichsten Arbeitsverfahren, dem stetigen Fräsen, benötigt. Sie werden nicht wie die anderen Vorrichtungen während des Stillstandes, sondern beim Umlaufen im Betrieb beladen. Die sonst dafür nötigen Nebenzeiten fallen dadurch gänzlich weg. Die Stückleistung der Maschine bleibt also, abgesehen von den Unterbrechungen für Werkzeugwechsel, gleich und ist nicht vom Arbeiter abhängig.

Für die Konstruktion ist folgendes zu beachten: Um unnützen Leerlauf zu vermeiden, ist zunächst zu überlegen, in welcher Weise die einzelnen Stücke am günstigsten ohne größere Zwischenräume aneinandergereiht werden können. Der Durchmesser der Aufnahmescheibe ist so groß zu wählen, daß Unfälle durch das laufende Werkzeug beim Bedienen der Vorrichtung vermieden werden. In den schematischen Skizzen Abb. 10···13 ist in vier verschiedenen Arten gezeigt, wie die Werkstücke bzw. die Vorrichtungen zum Werkzeug angeordnet werden können. Form und Art der Bearbeitung sind bestimmend für die Auswahl.

Natürlich können diese Vorrichtungen ohne weiteres auch auf Drehmaschinen, besonders solchen mit waagerechter Planscheibe, verwendet werden. Die ein-

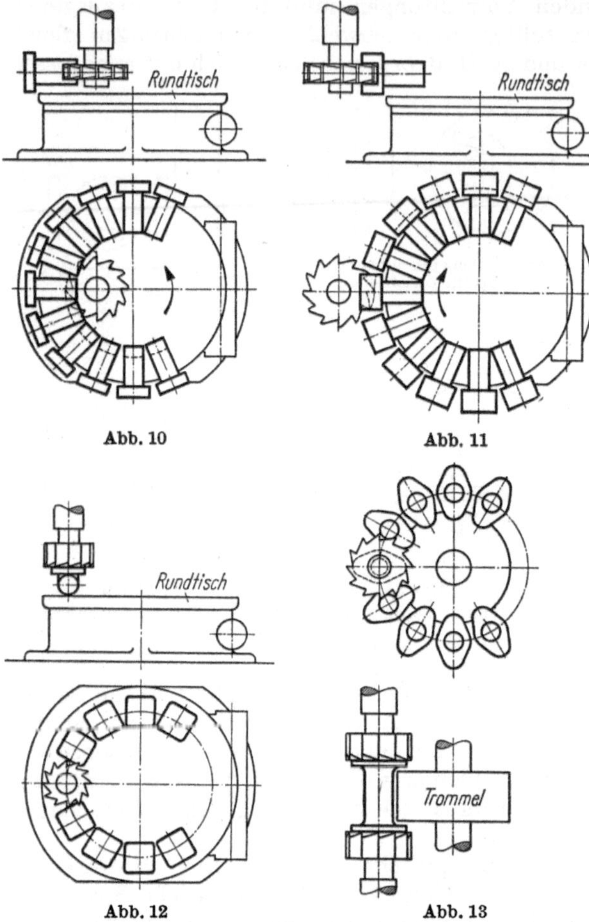

Abb. 10 Abb. 11 Abb. 12 Abb. 13

Abb. 10···13. Schematische Darstellung von 4 verschiedenen Arten der Reihenrundbearbeitung auf der Fräsmaschine

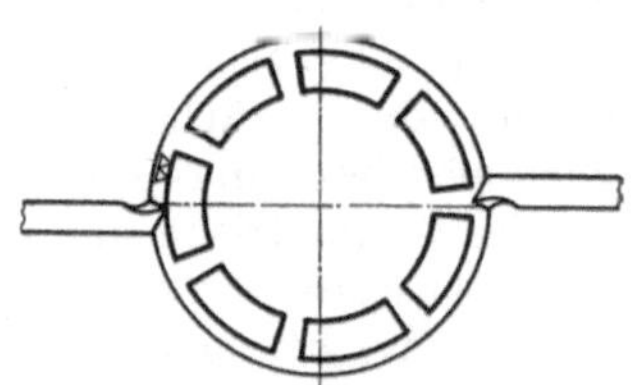

Abb. 14. Reihenrundbearbeitung auf der Drehbank

gangs erwähnten besonderen wirtschaftlichen Vorteile fallen dann jedoch fort, denn beim Drehen können natürlich keine Werkstücke umgespannt werden, wie es beim Fräsen der Fall ist. Ein Nachteil tritt noch hinzu: Wegen der unvermeidlichen Zwischenräume zwischen den einzelnen Werkstücken wird die Kraftleistung der Drehmaschine dauernd ruckweise unterbrochen, wodurch alle Teile der Maschine aufs ungünstigste beeinflußt werden. Man kann diesen Übelstand beheben und wirtschaftlicher arbeiten, indem man zwei Schneidmeißel so anordnet, daß abwechselnd einer davon stets im Eingriff mit einem Werkstück steht (Abb. 14).

C. Beispiele von Spannvorrichtungen für Rundbearbeitung

7. Spannfutter für dünnwandige Hohlkörper. a) Bei Verwendung von Dreibackenfuttern. Für das Spannen dünnwandiger Hohlkörper, innen und außen zu bearbeitender Zylinder u. dgl., müssen in der Regel wegen der hohen Verspannungsgefahr Sonderfutter angefertigt werden (die in diesem Abschnitt auch noch ausführlich behandelt werden). Jedoch gibt es auch Fälle, daß man durch den Ausbau von Dreibackenfuttern die teuren Sonderspannfutter ersparen kann. Abb. 15 zeigt den einfachsten Fall, daß ein dünnwandiger Zylinder selbstausmittend und fest aufgespannt wird, ohne dabei verspannt zu werden: Ein gewöhnliches Dreibackenfutter ist mit einem Satz Sonderbacken *a* ausgestattet, die eine Nut haben, in die das Werkstück eingesetzt wird. Die Spannflächen *d* an den Backen sind auf den kleinstmöglichen Spanndurchmesser rundgedreht und nach dem Härten rundgeschliffen.

Die Wirkungsweise des so ergänzten Futters weicht grundsätzlich von der eines einfachen Futters ab: Bei einem gewöhnlichen Futter werden die Spannbacken von einer Stelle aus gleichmäßig bewegt; sie mitten das Werkstück aus und spannen es, und zwar beides zugleich, d. h. sie

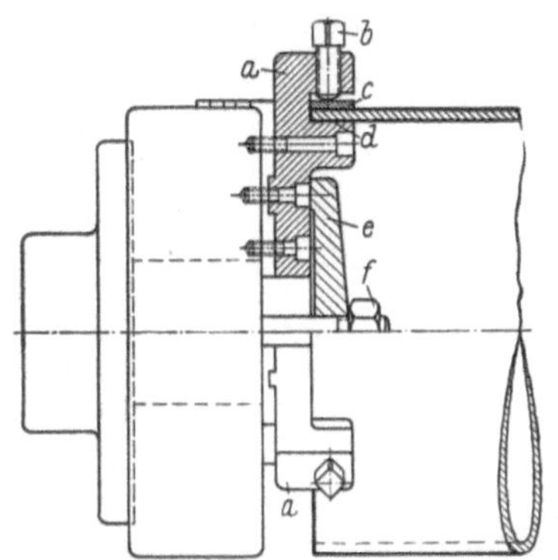

Abb. 15. Mittendes Futter mit Sonderspannbacken

a Sonderspannbacke, dreifach, mit Grundbacke des Futters fest verbunden; *b* Spannschraube, dreifach, zum Festklemmen der Werkstückwand; *c* werkstückschonende Beilage; *d* Spannfläche; *e* backenfestklemmende Scheibe; *f* Spannmutter

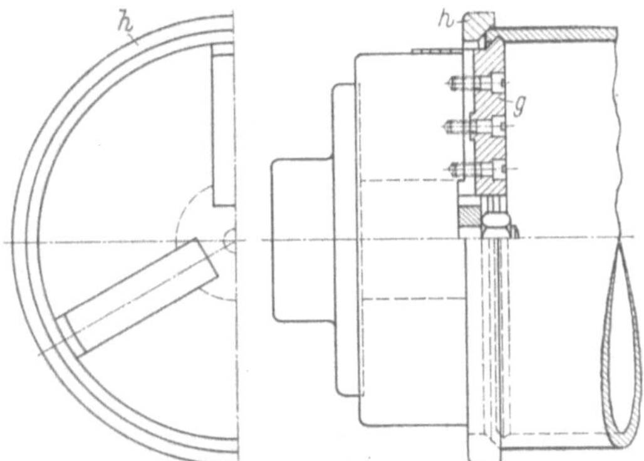

Abb. 16. Mittendes Futter mit Sonderspannbacken und Gegenring

g Sonderspannbacke mit schneidenartiger Spannfläche, dreifach, fest verbunden mit Grundbacke des Futters; *h* Scheibe mit Innenkegel

spannen mittig. Bei dem Futter mit Sonderbacken sind dagegen diese beiden Tätigkeiten voneinander getrennt worden. Die Backen werden zunächst ganz leicht gegen den Innendurchmesser des Werkstückes geschoben und mitten so das Werkstück mit ihren Flächen *d* lediglich aus. Erst dann wird das Werkstück durch die Spannschrauben *b* festgespannt. Hinterher muß die Planschnecke etwas zurückgedreht werden, so daß sie von der Spannung der Backen ganz entlastet ist. Die Teile zum Ausmitten des Futters sind nun vollständig entlastet. Sie können sich daher aber auch innerhalb ihres Eigenspiels während des Betriebes unter den auftretenden Schnittdrucken bewegen. Damit tritt ein für die Haltbarkeit des Futters und die Genauigkeit der Arbeit schädlicher Zustand ein. Um ihn zu beseitigen, werden die Backen zu ihrer Entlastung durch die Schraube *f* über die Druckscheibe *e* fest mit dem Futterkörper verbunden. Die Schnittkräfte werden damit unmittelbar von dem Futterkörper aufgenommen. Es leuchtet ein, daß durch dieses Verfahren das eigentliche Ausmittefutter außerordentlich geschont wird.

Die eingehende Erläuterung des an sich einfachen Spannverfahrens war notwendig, da selbst erfahrene Dreher über die Wirkungsweise dieses Futters wiederholt aufgeklärt werden mußten, bis sie es richtig bedienten und den Vorteil anerkannten. Diese Unsicherheit im Gebrauch ist ein wesentlicher Nachteil dieser Vorrichtung.

Bei der Vorrichtung nach Abb. 16 entspricht die Wirkungsweise der eines gewöhnlichen Futters, da auch dieses geänderte Futter gleichzeitig ausmittet und spannt. Der Vorteil, daß das Werkstück nicht verspannt wird, ist aber auch hier erreicht. Außerdem läuft das Werkstück nach dem Aufspannen überall schlagfrei und behält seine mittige Lage auch unter sehr großen Schnittkräften.

Ein Nachteil ist es, daß das Werkstück an dem einzuspannenden Ende durch Abschrägen der Außenkante und Einstechen einer Rille nach Lehre vorbereitet werden muß. Die Lehre soll hierbei die richtige Lage der Rille zur abgeschrägten Außenkante des Werkstückes entsprechend dem Abstand zwischen den schneidenartigen Druckflächen der Spannkloben g und dem Innenkegel der Scheibe h gewährleisten. Dieser Nachteil ist jedoch gering gegenüber der Sicherheit der Aufspannung, besonders bei langen und schwer zu bearbeitenden Werkstücken. Die drei schneidenartig ausgebildeten, gehärteten und geschliffenen Kloben g und die mit einem Innenkegel und drei Durchbrüchen für die Spannkloben versehene Scheibe h bilden die Sondereinrichtung des Futters. Das Verspannen des Werkstückes wird dadurch verhütet, daß es durch die Schneiden der Spannkloben in den Innenkegel der Scheibe h gedrückt wird und dort anliegt.

Die Abb. 17 und 18 zeigen, wie man durch Verbindung einer einfachen Einrichtung mit einem gewöhnlichen Dreibackenfutter Körper mit großen Drehdurchmessern sehr kräftig auf Mitte spannen kann. Bei großen Spanndurchmessern können Klemm- und Spreizkegel mit Überwurfmuttern infolge der großen Reibungs-

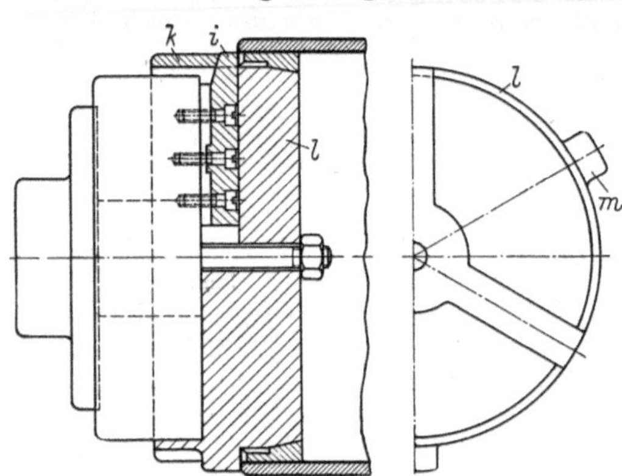

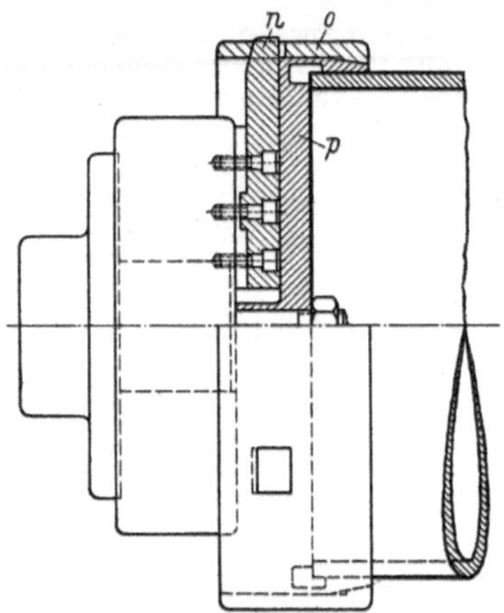

Abb. 17. Mittendes Futter mit Sonderspannfutter für Innenspannung

i achsrecht spannende Sonderbacken, dreifach; k achsrecht verschiebbarer Spreizring, durch i bewegt; l Spannkegel, mit dem Futterkörper fest verbunden; m Werkstückanschlagnasen

Abb. 18. Mittendes Futter mit Sonderspannfutter für Außenspannung

n achsrecht spannende Sonderbacken, dreifach; o achsrecht verschiebbarer Kegelspannring, durch n bewegt; p Scheibe mit Spreizring

widerstände nicht einwandfrei mehr zugespannt werden. Man hilft sich im allgemeinen damit, daß man an dem Umfang des Klemmkegels eine größere Anzahl von Spannschrauben anordnet, die einzeln nacheinander angezogen werden, wobei fortwährend das Werkstück auf seinen schlagfreien Lauf geprüft werden muß. Diese zeitraubende Arbeit fällt bei den dargestellten Futtern weg, denn sie werden ebenso betätigt wie ein gewöhnliches Dreibackenfutter. Abb. 17 stellt eine Innenspannung dar. Die abgeschrägten Sonderkloben i greifen in entsprechende Nuten der geschlitzten Spannhülse k ein, die beim Auseinanderbewegen der Kloben auf den Kegel l gezogen und auseinander gedrückt wird. Der Kegel l ist mit dem Futterkörper fest verbunden und hat drei Nasen m für den Anschlag des Werkstückes. Die Spannhülse ist an diesen Stellen mit entsprechenden Aussparungen versehen.

In Abb. 18 wird ein Werkstück außen gespannt. Durch die Sonderkloben n wird der geschlossene Ring o mit seinem Innenkegel auf den geschlitzten Spannring p gezogen, der mit dem Futterkörper fest verbunden ist und damit das Werkstück festspannt.

b) Reine Sonderfutter. Es wurde schon erwähnt, daß Dreibackenfutter (abgesehen von Fällen wie Abb. 15···18) zum Spannen von Hohlkörpern nicht besonders gut geeignet sind, weil sie das Werkstück nur an drei Stellen des Umfanges berühren und dadurch verspannen. Besser ist es, Sonderfutter zu verwenden, die das Werkstück ganz umfassen, damit sich der Spanndruck auf die ganze Oberfläche gleichmäßig verteilt. Die Gestaltungsmöglichkeiten für derartige Futter sind sehr groß. Für kleine Werkstückdurchmesser können die Futter sehr einfach sein, größere Durchmesser verlangen jedoch meistens einen vielgestaltigeren Aufbau. Damit sei schon angedeutet, daß hier nicht Konstruktionen herausgestellt werden können, die in jedem Falle, sondern die nur bezogen auf bestimmte Spanndurchmesser und andere Umstände als Vorbild dienen können. Das Grundspannelement bei allen Futtern in Abb. 19···24 ist ein kegeliger, einmal geschlitzter Spannring, auf den ein Innenkegel gepreßt wird, oder der selbst in einen feststehenden Innenkegel hineingedrückt wird. Abb. 19 ist zwar sehr einfach, aber nur für kleine Spanndurch-

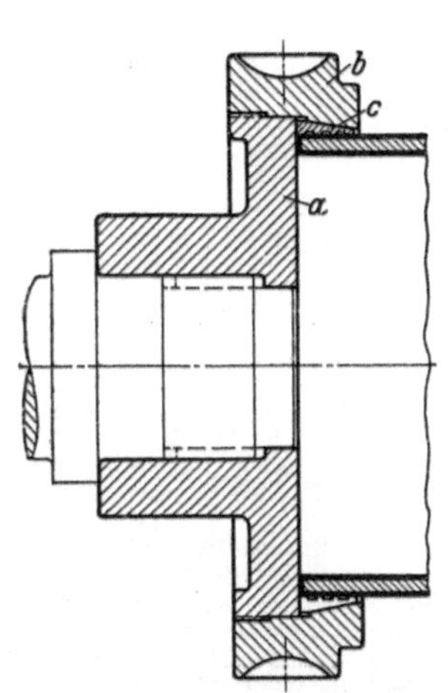

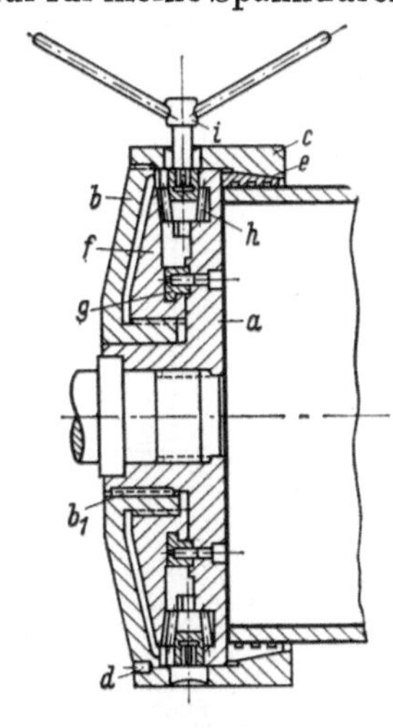

Abb. 19. Spannfutter für kleine Spanndurchmesser

a Futterkörper; *b* Spannring, auf *a* aufgeschraubt; *c* Spreizring, einmal geschlitzt

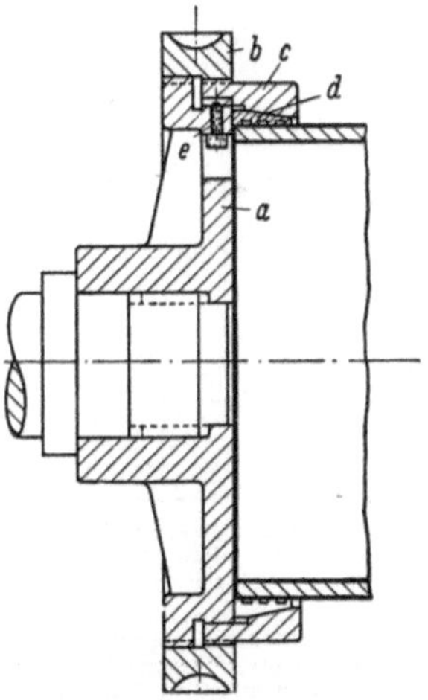

Abb. 20. Spannfutter für größere Spanndurchmesser

a Futterkörper; *b* Spannring, auf *a* aufgeschraubt; *c* Klemmring, in *b* mit etwas feinerem Gewinde eingeschraubt und durch Schraube *e* am Verdrehen gegen *a* gehindert; *d* Spreizring, einmal geschlitzt

Abb. 21. Spannfutter für große Spanndurchmesser

a Futterkörper; *b* Spannring, auf *a* achsrecht verschiebbar und durch Gleitfeder b_1 gegen Verdrehung gesichert; *c* Klemmring, auf *b* aufgeschraubt und durch Schraube *d* gegen Verdrehen gesichert; *e* Spreizring, einmal geschlitzt; *f* Kegeltrieb, auf *b* aufgeschraubt; *g* zweiteiliger Haltering, verbindet drehbar *a* mit *f*; *h* in *a* gelagerter und mit *f* im Eingriff stehender Kegeltrieb, mehrfach angeordnet; *i* Vierkantschlüssel

messer verwendbar, denn der Spannring *b* gleitet beim Zuspannen auf dem Spreizring *c* und hätte bei größeren Spanndurchmessern so starke Reibungswiderstände zu überwinden, daß es nicht möglich wäre, das Werkstück genügend festzuspannen.

Etwas vielgestaltiger, aber dafür auch wirkungsvoller ist die Konstruktion Abb. 20. Der Spannring *c* gleitet hier nur in Achsenrichtung auf dem Innenring *d*, wodurch sich der Reibungswiderstand erheblich vermindert, aber im Gewinde des Spannringes *b* immer noch so groß ist, daß das Futter auch nicht für allzu große Spanndurchmesser zu empfehlen ist. Der Spannring *b* wirkt dadurch, daß er mit zwei Gewinden gleicher Gangrichtung aber verschiedener Steigung versehen ist. Je kleiner der Unterschied der Steigungen ist, um so besser ist die Spannwirkung.

Abb. 21 zeigt ein Futter, das sich gut für große Spanndurchmesser eignet. Durch den Kegeltrieb *h* wird der Innengewindering *f* bewegt, der durch den zweiteiligen Haltering *g* mit dem Futterkörper *a* drehbar verbunden ist und den Außengewindering *b* mit dem Spannring *c* achsrecht bewegt. Diese Konstruktion hat auch den Vorteil, daß beim Zuspannen und Entspannen kein Drehmoment auf die Drehbankspindel ausgeübt wird, wie in Abb. 19 und 20.

Abb. 22 ist ein Futter für Preßluftbetrieb, das durch Kolbenstange *i* mit Muffe *h* und Spannhebel *f* den Spannring *c* verschiebt. Das Futter kann natürlich nur an

Drehbänken mit Preßluftspanneinrichtung verwendet werden. Es stellt dann ein sehr vollkommenes Schnellspannmittel für seinen Zweck dar.

Endlich sind in Abb. 23 und 24 noch zwei einfache Futterkonstruktionen für große Spanndurchmesser dargestellt, die zwar nicht selbstmittend sind, aber doch ohne Schwierigkeit so bedient werden können, daß man das Werkstück schlagfrei

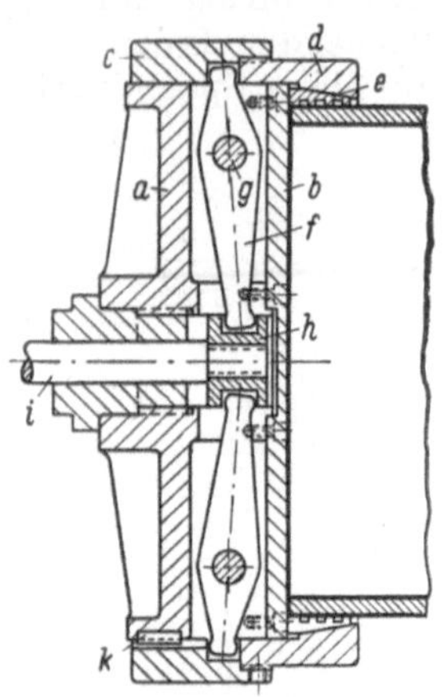

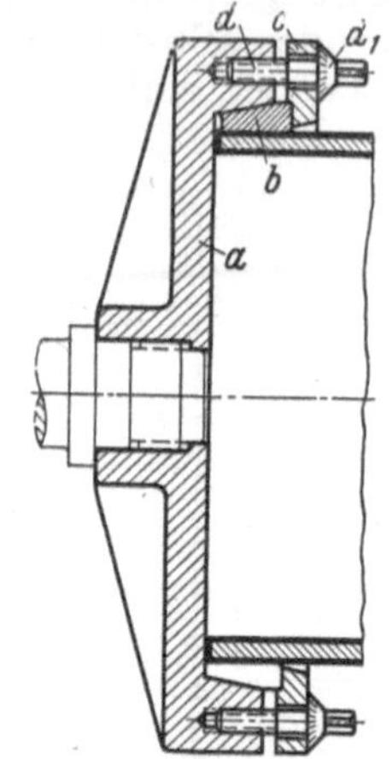

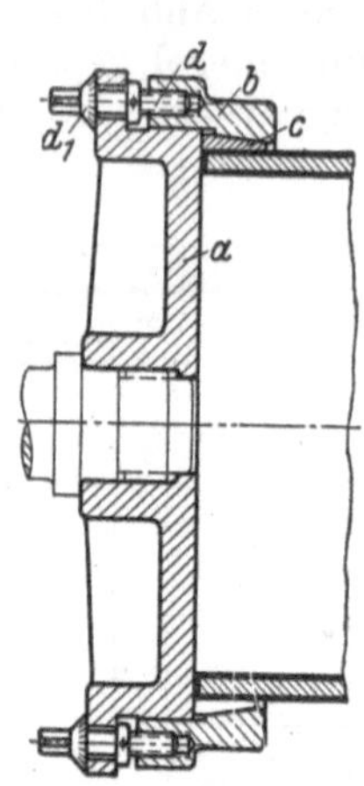

Abb. 22. Spannfutter für großen Spanndurchmesser und Preßluftbetrieb

a Futterkörper; *b* Deckscheibe, mit *a* fest verbunden, schließt Hebelschlitze in *a* ab; *c* Spannring, auf *a* achsrecht verschiebbar; *d* Klemmring, in *c* fest eingeschraubt; *e* Spreizring, einmal geschlitzt; *f* Spannhebel, dreifach, bewegt *c* und *d* achsrecht; *g* Gelenkbolzen, fest an *a*; *h* Schiebemuffe, bewegt drei Hebel *f*; *i* Kolbenstange, in *h* fest eingeschraubt, wird bewegt vom Preßluftspanner; *k* Gleitfeder, sichert *c* gegen Verdrehung

Abb. 23. Spannfutter mit handwerklicher Ausmittung und einfachster Form

a Futterkörper; *c* Spannring; *b* Spreizring, einmal geschlitzt, in *a* lose eingemittet; *d* Spannschrauben, mehrfach mit Gradskala d_1

Abb. 24. Spannfutter mit handwerklicher Ausmittung

a Futterkörper; *b* Klemmring, auf *a* achsrecht verschiebbar; *c* Spreizring, einmal geschlitzt; *d* Spannschrauben, mehrfach, mit Gradskala d_1

ohne jedesmalige Nachprüfung einspannen kann: Am Umfang der Spannringe *c* bzw. *b* sitzen eine Anzahl (mindestens 3···4) Spannschrauben *d* mit Gradskala d_1, so daß es möglich ist, die Spannschrauben nacheinander gleichmäßig viel zu drehen und somit den Spannring gleichmäßig zuzuspannen.

Obgleich die beiden zuletzt gezeigten Vorrichtungen nicht als neuzeitliche Konstruktionen angesehen werden können, da es zu ihrer richtigen Handhabung immer noch sehr auf den Mann ankommt, der sie bedient und die richtigen Einstellungen an mindestens 3 oder 4 Spannschrauben vorzunehmen hat, werden sie doch noch gelegentlich in der Einzelfertigung dann angewandt, wenn sich eine sinngemäße, einfacher zu bedienende, aber kompliziertere Ausführung nicht lohnt.

Die Entwicklungsmöglichkeiten dieser Art Spannfutter sind selbstverständlich mit den gezeigten Beispielen nicht erschöpft, aber doch im wesentlichen umrissen.

8. Sonderspreizdorne und -futter für kleinere Werkstücke, heute auch vielfach Spannzangendorne- und -futter genannt, kommen in den verschiedensten Ausführungen vor. Nachfolgend zwei praktische Beispiele:

a) Spanndorn für Hohlkörper. In der Massenfertigung auf Drehbänken wird das Werkstück häufig mit Stangen, Hebeln u. dgl. umständlich durch die

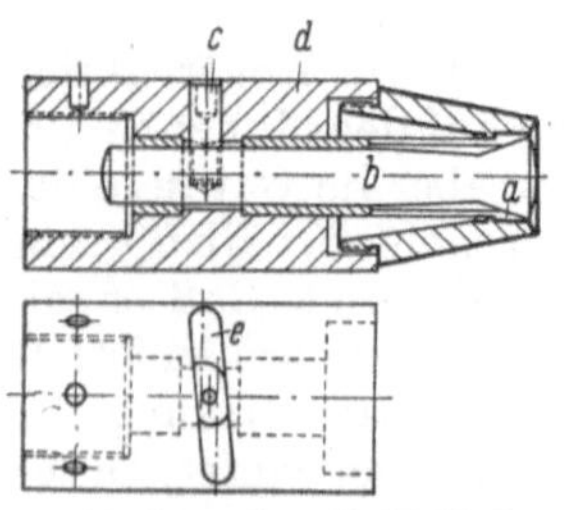

Abb. 25. Spanndorn für Hohlkörper

a Spannzange; *b* Dorn mit Spreizkegel; *c* Bolzen; *d* Futterkörper; *e* Schlitz mit Steigung

Hohlspindel der Maschine, und um die Drehbank herum vom Arbeitsplatz aus gespannt. Der Spanndorn Abb. 25 kann auf jede Drehbankspindel aufgeschraubt und auf einfachste Weise bedient werden. In der gezeigten Ausführung ist er zur

Aufnahme des Werkstückes auf das fertige Innengewinde geeignet, kann aber auch für andere ähnliche Werkstücke ausgebildet werden.

Die Spannzange a wird durch den kegeligen Dorn b dadurch gespreizt, daß der darin eingeschraubte Bolzen c mit einem Spannstift in dem in das Futter d eingearbeitetem Schlitz e mit axialer Steigung bewegt wird. Der Bolzen c wird durch die Fliehkraft in der Spannstellung festgehalten. Beim Aufspannen auf das Gewinde ist während des Anziehens mit einem Spannstift das Werkstück ein wenig in Steigungsrichtung zu drehen. Hierdurch wird eine sichere Anlage der plangedrehten Werkstückfläche gewährleistet.

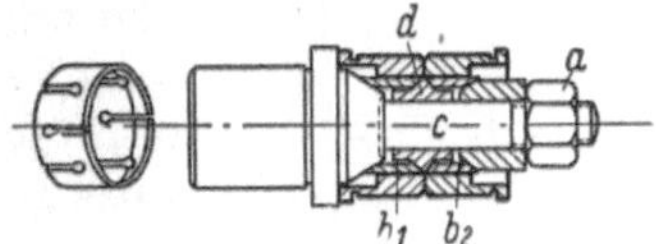

Abb. 26. Spreizspanndorn für 2 Hohlkörper

a Spannmutter; b_1 und b_2 Spreizhülsen; c Spanndorn; d Doppelkegelhülse

b) Der Spreiz-Spanndorn Abb. 26 soll zur Aufnahme zweier Hohlkörper (in diesem Falle Nadellager) zum Außenschleifen dienen. Die Bohrungen dieser Werkstücke weisen noch eine Zugabe mit einer Abweichung von $\pm 0{,}1$ mm zum späteren Innenschleifen auf. Es kommt darauf an, daß der innere und äußere Zylinder nach dem Außenschleifen noch innerhalb der zulässigen Grenzen zueinander mittig laufen. Diese Forderung wird mit dieser Spannvorrichtung bestens erfüllt.

Es werden jeweils zwei Werkstücke aufgespannt. Das zuerst aufgeschobene sei im Innendurchmesser um 0,1 mm weiter als das zweite. Das erste Werkstück liegt fest an der Stirnfläche an. Da durch das Anziehen der Spannmutter a die innere mehrfach geschlitzte Spannhülse b_1 sich auf den am Spanndorn c angedrehten Kegel aufschiebt, erweitert sich ihr Außendurchmesser bis zur Anlage in der Bohrung des zuerst aufgesetzten Werkstückes. Damit liegt auch die Doppelkegelhülse d fest und läßt sich nicht mehr verschieben, so daß die folgende ebenfalls mehrfach geschlitzte Spannhülse b_2 das zweite Werkstück festspannt. Die Vorteile dieser Spannvorrichtung bestehen darin, daß zuerst die Axialverschiebung ein gutes Ausrichten nach der Stirnfläche ergibt und erst dann die radiale Spannung erfolgt, und daß vor allem die beiden Spannhülsen b_1 und b_2 gewisse Durchmesserunterschiede der Werkstückbohrungen auszugleichen vermögen.

c) Die Zangenfutter Abb. 27 und 28 stellen zwei Ausführungsmöglichkeiten dar mit der Bedingung, daß das Werkstück jeweils auf einem feststehenden inneren Anschlag aufgenommen und durch die Spannhülsen b gespannt werden muß. Das geschieht in beiden Fällen durch die Zugstangen c über die Bolzen d.

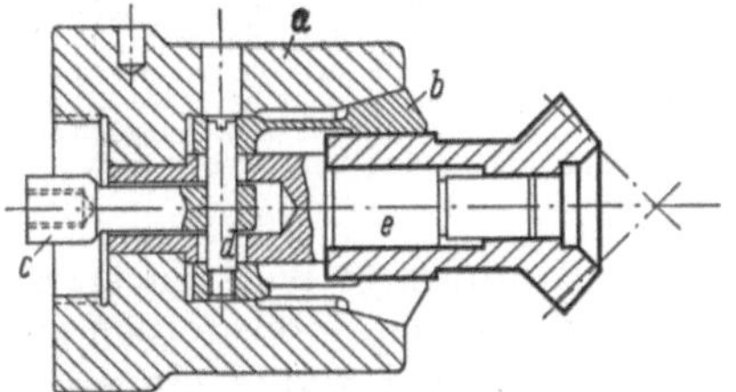

Abb. 27. Zangenfutter mit festem Anschlag

a Futterkörper; b Spannhülse (Zange); c Zugstange; d Bolzen; e Spanndorn mit Anschlag

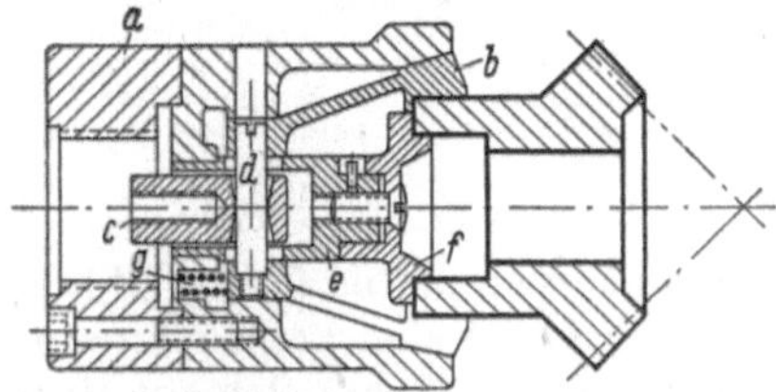

Abb. 28. Zangenfutter mit auswechselbarem Anschlag

a Futterkörper; b Spannzange; c Zugstange; d Bolzen; e Spanndorn mit auswechselbarem Anschlag f

Zu beachten ist die pendelnde Anordnung der Zugstange. In Abb. 27 ist ein fester Aufnahmedorn e für die Aufnahme und den Anschlag des Werkstückes (Bestimmen) vorgesehen, während in Abb. 28 der Aufnahmedorn e unterteilt und mit einem leicht auswechselbaren Anschlag f verbunden ist. Die in Abb. 28 angeordneten Federn g sollen das Lösen des Werkstückes erleichtern. Sie sind jedoch überflüssig, wenn Druckluft- oder hydraulische Spannung vorgesehen ist, was bei manchen der hier gezeigten Beispiele möglich und bei Vorliegen größerer Werkstückzahlen zweckmäßig ist (über Druckluft, Hydraulik usw. siehe Heft 33, S. 18···23)[1].

9. Tiefspannfutter. Die Gemeinbackenfutter spannen das Werkstück nur radial. Das ist ein Nachteil, wenn die Stirnfläche a des Werkstückes (Abb. 29) genau parallel zur Fläche b gearbeitet werden soll. Das Werkstück muß beim Einspannen

---

[1] Siehe auch Werkstattbuch Heft 122: W. Ph. Ferling, Hydraulische Werkstückspanner.

an der Fläche *b* bestimmt werden, indem es von Hand gegen die Kloben gedrückt wird. Diese müssen also, wenn eine genaue Bestimmung überhaupt möglich sein soll, schlagfrei laufen. Solange das Futter neu ist, wird das auch der Fall sein; aber

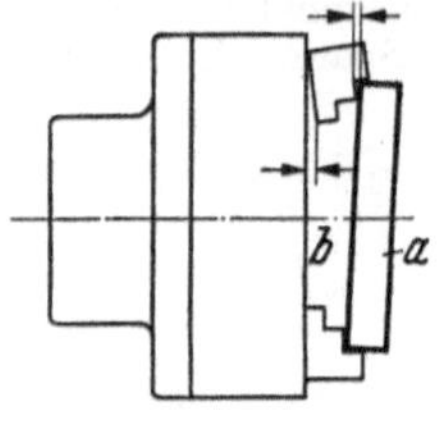

schon der geringste Verschleiß in den Backenführungen wird zur Folge haben, daß sich die Backen beim Zuspannen mehr oder weniger abdrücken, wie in Abb. 29 übertrieben dargestellt. Diese Veränderung der Backenanschlagflächen ist aber schlecht zu prüfen, denn sie zeigt sich natürlich erst, wenn die Backen unter Druck stehen und daher verdeckt sind. Der Dreher muß sich meistens nur auf sein gutes Auge verlassen und kann erst das fertigbearbeitete Stück genau prüfen und den Fehler

Abb. 29. Im Zentrierfutter schlecht bestimmtes Werkstück

durch entsprechende Beilagen ausmerzen. Bei fortlaufender Fertigung eines bestimmten genauen Werkstückes ist daher ein richtig konstruiertes Sonderfutter zuverlässiger. Abb. 30 zeigt ein derartiges Futter für Innen- und Abb. 31 für Außenspannung. Bei beiden Konstruktionen wird das Werkstück nicht nur radial festgespannt, sondern auch achsrecht, und zwar gegen eine ringförmige unveränderliche Anschlagfläche, wodurch es genau bestimmt wird. Beide Futter können auch mit Preßluft arbeiten.

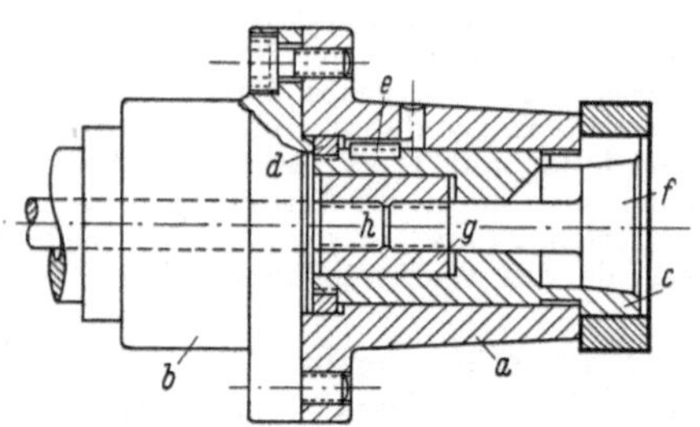

Abb. 30. Tiefspannfutter für Innenspannung

a Vorrichtungskörper, mit Drehbankmitnehmerscheibe *b* fest verbunden; *c* Spannzange, in *a* achsrecht ein wenig beweglich, durch *d* in dieser Bewegung begrenzt und durch Gleitfeder *e* am Verdrehen verhindert; *f* Spreizkegel, durch Doppelmutter *g* mit Kolbenstange *h* des Preßluftspanners fest verbunden

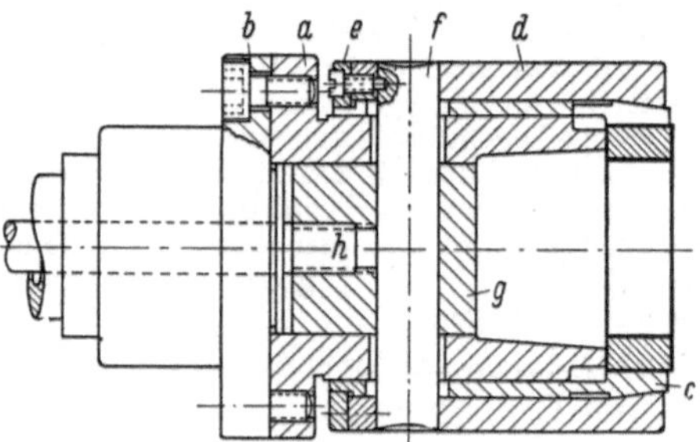

Abb. 31. Tiefspannfutter für Außenspannung

a Vorrichtungskörper, mit Drehbankmitnehmerscheibe *b* fest verbunden; *c* Spannzange, auf *a* in Achsrichtung ein wenig beweglich; *d* Spannbuchse, auf *c* in Achsrichtung ein wenig beweglich und durch Haltering *e* in dieser Bewegung begrenzt; *f* Verbindungsbolzen, sitzt fest in *d* und *g*; *h* Kolbenstange des Preßluftspanners, mit *g* fest verbunden

10. Innenspanndorne für Hohlkörper mit Boden. Topfförmige Werkstücke, d. h. Hohlkörper mit Boden kann man auf gewöhnlichen fliegenden Spreizdornen nicht spannen, da das Spannelement durch den Boden verdeckt würde. In solchen Fällen liegt es nahe, die Spreizdorne so auszubilden, daß sie durch die hohle Drehbankspindel hindurch vom anderen Ende der Spindel bedient werden können. Sind sie mit einem Preßluftspanner ausgerüstet, so ist gegen dieses Spannverfahren nichts einzuwenden. Das Spannen von Hand ist dagegen sehr unpraktisch, denn der Arbeiter muß seinen Standort bei jedem Werkstück zweimal verlassen, und zwar je einmal zum Fest- und Losspannen. Es ist dann wirtschaftlicher, die Dorne so herzustellen, daß sie vom Standort des Arbeiters bedient werden können. Die geringen Mehrkosten werden sich bald bezahlt machen.

a) Abb. 32 zeigt einen gut bewährten derartigen Dorn. Die zum Spreizen der doppelt wirkenden Spannhülse benötigte achsrechte Spannkraft wird durch eine Keilschraube *c* erzeugt. Durch den Bolzen *h* wird das Werkstück entfernungsbestimmt. Damit sich der Dorn beim Lösen der Mutter selbsttätig entspannt, muß der Keilwinkel ebenso wie die Spreizkegelwinkel über der Selbsthemmungsgrenze liegen. Der Spanndorn *a* muß spielfrei in Körper *b* eingepaßt werden.

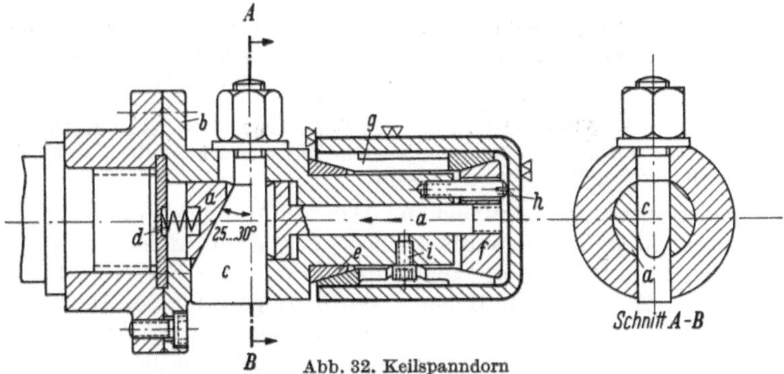

Abb. 32. Keilspanndorn

a Spanndorn wird in Körper *b* durch Spannkeil *c* in Pfeilrichtung und durch Druckfeder *d* in umgekehrter Richtung bewegt; *e* Spreizkegel, sitzt fest auf *b*; *f* beweglicher Spreizkegel, sitzt fest auf *a*; *g* Spannhülse, mehrfach geschlitzt; *h* entfernungsbestimmender Anschlagdorn; *i* Mitnehmerstift

Um ein Festsetzen bei längerem Gebrauch zu vermeiden, ist die Kante von *a* oben an der Keilfläche von *c* gut anzurunden; andernfalls drückt sie sich durch den Keil allmählich etwas heraus und verursacht unliebsame Störungen.

b) Bei der Vorrichtung Abb. 33, die ebenfalls einen Dorn zum Spannen von Hand darstellt, wird durch Anziehen der Spannmutter *a* gegen die Spannplatte *b* der Keilschieber *c* axial verschoben und drückt die drei Bolzen *d* radial nach außen, wodurch das Werkstück an diesem Ende zugleich gemittet und gespannt wird.

Gleichzeitig drückt der Keilschieber *c* aber auch gegen die auf dem Spanndorn *b* sowie auf dem am äußeren Ende mit dem Spreizkegel *f* versehenen Zapfen *g* geführte dreifach geschlitzte Spannhülse *e*, wodurch diese das Werkstück auch noch am inneren Grund spannt. Die Feder *i* hält die Spannhülse *e* am Spreizkegel *f* immer unter Spannung, so daß die Spannmutter *a* nur geringfügig gedreht werden muß, damit das Werkstück festgespannt wird. Die Ringfeder *h* unterstützt das Lösen des Werkstückes, indem sie die drei Bolzen *d* nach dem Lösen der Spannmutter nach innen drückt, und sichert die drei Bolzen bei abgenommenem Werkstück gegen Herausfallen.

c) Die Vorrichtung Abb. 34 kann mit Druckluft oder hydraulisch betätigt werden und dient zur Aufnahme von kleinen Kolben zur Außenbearbeitung. Innenrezeß und Stirnfläche des Kolbens müssen vorher bearbeitet sein.

Diese Vorrichtung besteht aus dem eigentlichen Spanndorn *d*, der an seinem äußeren Ende mit den zwei Stiften c_1 und c_2 versehen ist zur besseren Abstützung des Kolbens an der unbearbeiteten Bodenfläche. In

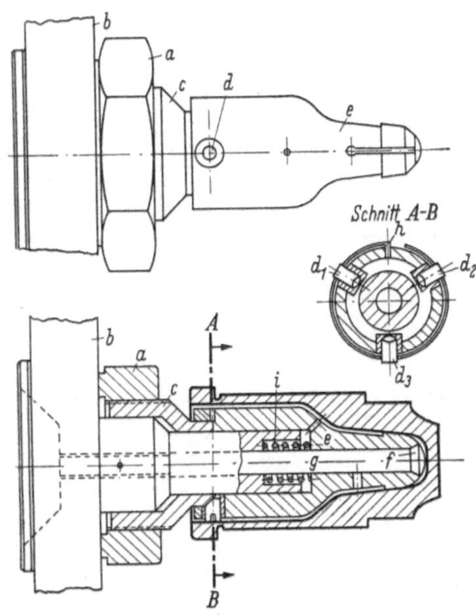

Abb. 33. Innenspanndorn

a Spannmutter; *b* Spannplatte (mit Spanndorn); *c* Keilschieber; d_1, d_2 und d_3 Spannbolzen; *e* Spannhülse; *f* Spreizkegel; *g* Zapfen; *h* Ringfeder; *i* Spannfeder

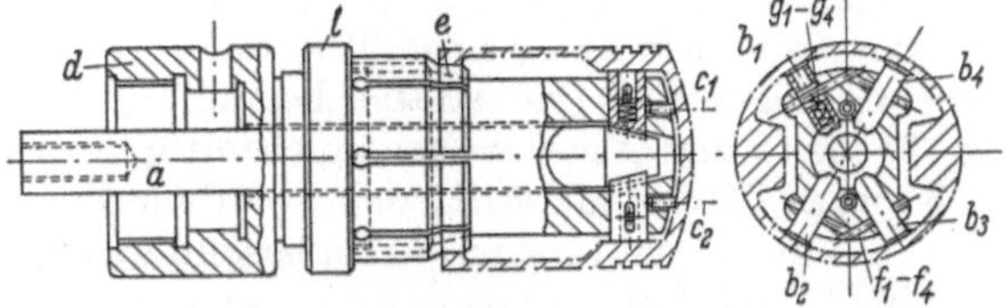

Abb. 34. Innenspanndorn für Kolben

a Zugstange; $b_1 \cdots b_4$ Schiebekeile; c_1 und c_2 Stifte; *d* Spanndorn; *e* Spannhülse; $f_1 \cdots f_4$ Sicherungsstifte; $g_1 \cdots g_4$ Federn

der Hohlbohrung dieses Spanndornes befindet sich die Zugstange *a*. Wird sie in den Kolben hineingedrückt, so schiebt ihr kegeliges Ende die vier Schiebekeile *b* radial nach außen gegen die innere Kolbenwand, so daß der Kolben hier festgespannt wird. Zum Ausmitten und zum gleichzeitigen Festspannen des anderen Kolbenendes dient die Spannmutter l. Sie wird bei e auf dem kegeligen Absatz des Spanndornes d durch Verdrehen auseinandergespreizt. Die Schiebekeile b sind durch die Sicherungsstifte f bei abgenommenem Werkstück gesichert. Die Federn g erleichtern das Lösen des Werkstückes.

Diese Vorrichtung setzt voraus, daß in den Kolben keine wesentlichen Kernversetzungen vorliegen, was bei dem heutigen Stand der Gießereitechnik und besonders, wenn es sich um Leichtmetall handelt, auch gefordert werden kann.

11. Fliegende Dorne mit Spannbacken. Das Aufbringen der Werkstücke auf fliegende Dorne ist nicht immer einfach, besonders dann nicht, wenn es sich um

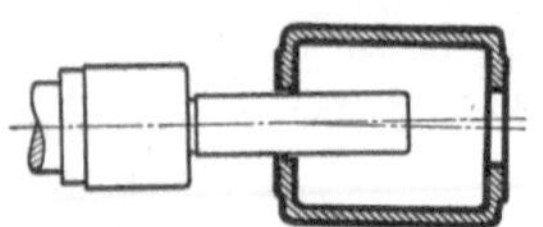

Abb. 35. Werkstück, das sich schlecht auf einen Dorn aufbringen läßt

schwerere Teile handelt und die Bohrung unterbrochen ist. Ein Beispiel dafür zeigt Abb. 35. Derartige Werkstücke klemmen sich auf dem Dorn und können dann nur mühsam von der Stelle gebracht werden. Zur Vermeidung dieses Übelstandes muß die Konstruktion geändert und *eine* Bohrung etwas vergrößert werden. Das Auf- und Abspannen macht dann durchaus keine Schwierigkeiten mehr. Ist eine Änderung aber nicht möglich, so kann man für schwerere Teile auch unter ganz bestimmten Voraussetzungen fliegende Dorne nach Abb. 36 verwenden. Das Werkstück muß jedoch eine gleiche oder ähnliche Form haben wie hier gezeichnet, also Wandungen, die sich durch ungleichmäßigen Druck in der Bohrung nicht verziehen können. Außerdem sind sehr geringe Lochtoleranzen Bedingung. Der Dorn ist am größten Teil seines Umfanges freigearbeitet, so daß sich das Werkstück bequem hinaufführen läßt. Durch eine radial bewegliche Backe wird es festgespannt. Genau genommen wird durch einen

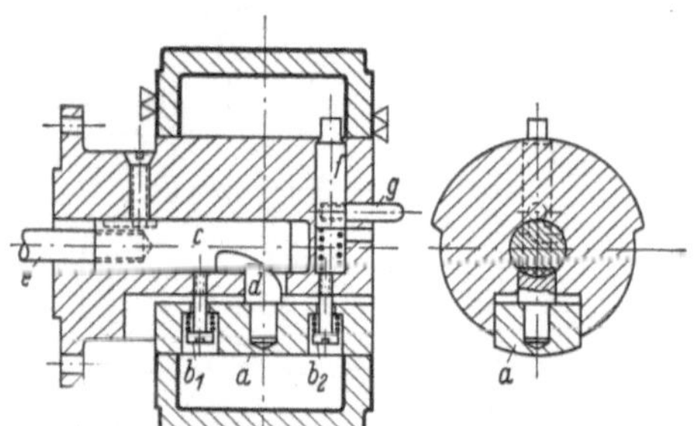

Abb. 36. Fliegender Dorn mit beweglicher Spannbacke

a Spannbacke, wird durch Druckfedern b_1, b_2 nach innen gedrückt (entspannt) und durch Keilstößel c, der mit Zugstange e verbunden ist, nach außen gedrückt; f Mitnehmerstift, wird durch Griff g radial bewegt

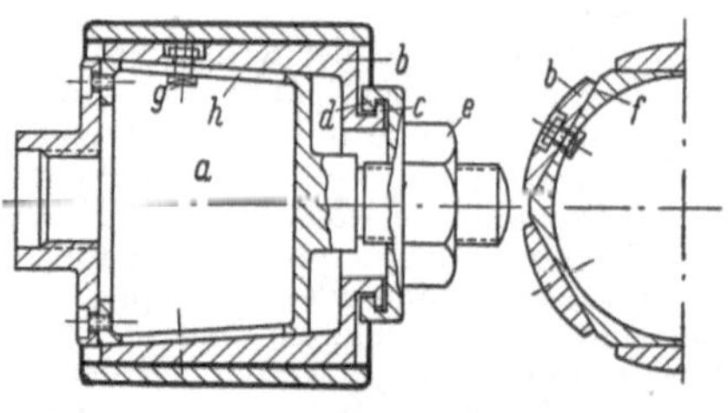

Abb. 37. Fliegender Dorn mit sechs beweglichen Spannbacken

a Spanndorn, wird auf Arbeitsspindel der Drehbank geschraubt; Spannbacken b werden an ihrem Bund c durch Bund d der Spannmutter e bei Drehung derselben in Achsenrichtung auf den geneigten Gleitflächen f des Spanndornes a je nach Drehrichtung entweder aufwärts oder abwärts gezogen; Halteschrauben g gleiten hierbei in den Nuten h

derartigen Dorn das Werkstück nicht gemittet, sondern an einem Teil der Bohrung bestimmt. Das ist aber belanglos, wenn, wie im vorliegenden Falle, nur Planflächen, und zwar beide gleichzeitig, bearbeitet werden. Der Dorn besitzt auch einen Mitnehmerstift, der vor dem Zuspannen zunächst hinausgeschoben wird, um das Werkstück an einem besonders angegossenen Knaggen mitzunehmen.

Abb. 37 zeigt einen Spanndorn, der sich in der Praxis außerordentlich bewährt und allen bisher üblichen fliegenden Dornen infolge seiner einfachen und sicheren Bedienung überlegen gezeigt hat. Er kann sowohl für kurze zylindrische Hohlkörper mit durchgehender Bohrung als auch mit unterbrochener, aber nicht abgesetzter Bohrung angewandt werden. Mit diesem Dorn wird das Werkstück gleichzeitig gemittet und gespannt.

Der eigentliche Spanndorn *a* wird auf die Arbeitsspindel der Drehbank geschraubt. Die sechs Spannbacken *b* fassen mit ihrem abgesetzt angedrehten Ansatz *c* hinter den Bund *d* der Spannmutter *e*. Durch diese Anordnung werden beim Drehen der Spannmutter die Spannbacken auf den schrägen Gleitflächen *f* des Spanndornes in Achsrichtung verschoben. Die Hammerschrauben *g*, in den Schlitzen *h* des Spanndorns, sollen ein seitliches Ausweichen der Spannbacken verhindern. Sie dürfen nur so weit angezogen werden, daß die Spannbacken noch auf dem Spanndorn gleiten können. Schon eine geringe Neigung der Gleitflächen gestattet einen ziemlich großen Spannbereich, so daß buchsenartige Werkstücke außen fertig auf Paßmaß gedreht oder geschliffen werden können, wenn sie innen mit erheblichen Toleranzen vorgedreht worden sind. Bei dünnwandigen Hohlkörpern sollten jedoch diese Toleranzen nicht allzu groß gewählt werden, weil ein größerer Unterschied der Durchmesser für Spanndorn und Werkstückbohrung in diesem Falle einen Verzug des Werkstückes bewirken würde. Die Spannbacken müssen selbstverständlich auf den kleinstmöglichen Werkstück-Innendurchmesser gedreht sein.

12. Spanndorne und -futter mit lösbarem Preßsitz. Für höchste Ansprüche und Genauigkeiten ist es zweckmäßiger, Dorne und Futter mit einem lösbaren Preßsitz zu verwenden, denen die mancherlei Mängel der vorher gezeigten Beispiele nicht anhaften. Mit ihnen ist es möglich, in engeren Toleranzbereichen zu arbeiten, weil sie das Werkstück gleichmäßig spannen. Ihr Nachteil ist, daß die Werkstücke an ihren Aufnahmestellen schon ziemlich genau vorbearbeitet sein müssen.

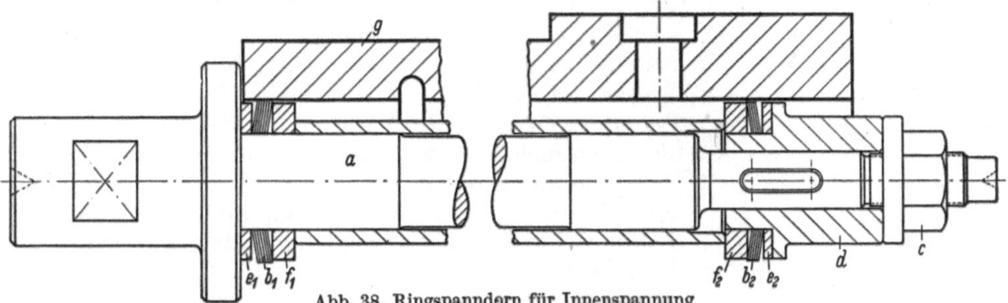

Abb. 38. Ringspanndorn für Innenspannung

a Spanndorn; b_1 und b_2 Ringspannscheiben; *c* Spannmutter; *d* Spannbuchse; e_1, e_2, f_1, f_2 Spannscheiben; *g* Werkstück

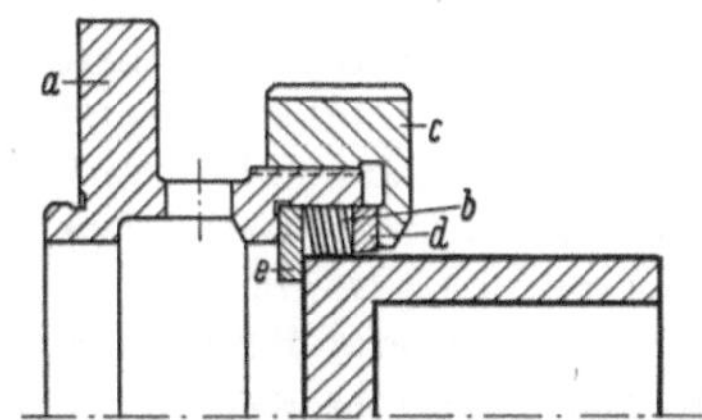

Abb. 39. Spannfutter für Außenspannung
a Futterkörper; *b* Ringspannscheiben; *c* Spannmutter; *d* und *e* Spannscheiben

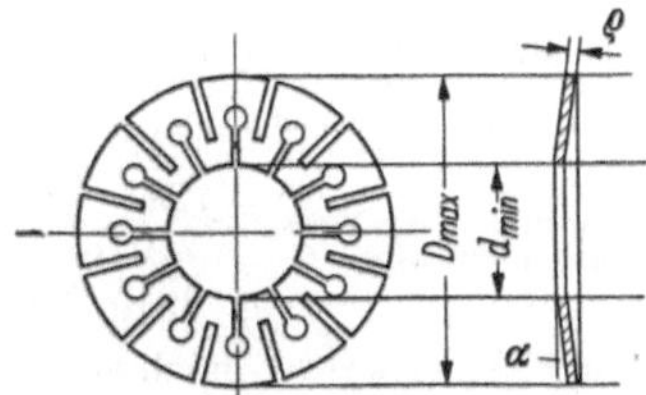

Abb. 40. Ringspannscheibe (Ringspann G.m.b.H., Bad Homburg v.d.H.)

a) Ringspanndorne und -futter. Diese zeitgemäßen Spannvorrichtungen für die Rundbearbeitung von kleineren und mittelgroßen Werkstücken verlangen noch keine ganz so genaue Vorbearbeitung der Werkstücke wie die Beispiele unter b und c. Für die einwandfreie Zentrierung sind Durchmessertoleranzen von 0,1···0,2 mm ausreichend.

Abb. 38 zeigt einen Spanndorn für Innenspannung, Abb. 39 ein Futter für Außenspannung. In beiden Fällen wird als wesentliches Spannelement die kegelige Ringspannscheibe Abb. 40 verwandt, die es in allen Größen für einen Spannbereich von 14···200 mm gibt. Sie ist mit Schlitzen versehen und kann sich, wenn man sie flachdrückt, entweder aufweiten oder verengen, je nachdem sie innen oder außen abgestützt wird.

In Abb. 38 wird ein längerer Hohlkörper *g* zum Außenschleifen an beiden Enden von innen gespannt: Durch Anziehen der Spannmutter *c* drückt die Spannbuchse *d* über die Spannscheiben e_1 und e_2 sowie f_1 und f_2 die kegeligen Ringspannscheiben b_1 und b_2 flach, wobei diese sich innen am Spanndorn a abstützen, so daß ihr Außendurchmesser vergrößert wird.

Im Spannfutter Abb. 39 wird das Werkstück zum Fertigdrehen des Innendurchmessers von außen gespannt: Durch das Anziehen der Spannmutter c werden die Ringspannscheiben b zwischen den beiden Spannscheiben d und e flachgedrückt, wobei sie sich am Außendurchmesser im Spannfutter a abstützen, sich hierbei in ihrer Bohrung verengen und so das Werkstück spannen.

Da die *Ringspannscheiben* federn, ist eine schnelle Losnahme der Werkstücke durch Lösen der Spannmutter gewährleistet. Diese Eigenschaft des Federns ermöglicht es, die Werkstücke auch dann noch sicher zu spannen, wenn ihre Aufnahmestelle einmal innerhalb der oben angegebenen Toleranzen kegelig ausgeführt sein sollte. Durch die vielen Berührungspunkte am äußeren und inneren Umfange wird eine sehr genaue Zentrierung erzielt, weil die Scheiben innen und außen genau konzentrisch geschliffen sind.

Diese Ringspannscheiben können sehr vielseitig durch Austausch an fliegenden Spitzen- und Plandrehdornen und -futtern angewandt werden. Die mit den Ringspannscheiben in Berührung kommenden Flächen der Spannvorrichtungen sollten gehärtet sein. Die Ringspann-Vorrichtungen können für alle Passungen von N6···E8 bzw. von n6···e8 des gleichen Nenndurchmessers verwendet werden.

b) Mechanisch spannende Dehndorne und -futter. Der Ausführung und Anwendung nach unterscheidet man auch hier die Außen- und Innenspannung.

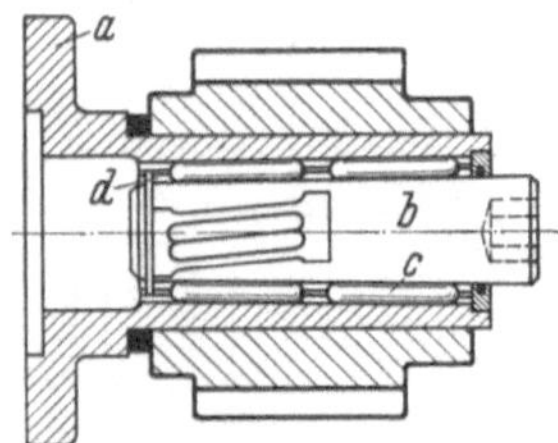

Abb. 41. Mechanisch spannender Dehndorn für Innenspannung. (Bauart: Stieber-Rollkupplung G.m.b.H., München)

a Dorn für Werkstückaufnahme; b Spannkegel mit gleicher Kegelverjüngung (1 : 30···1 : 50) wie Bohrung des Dornes a, wandert infolge der im Rollenkäfig d geschränkt geführten Rollen c bei Rechtsdrehung von b axial nach links, wodurch Dorn a innerhalb seines Spannungsbereiches elastisch verformt und an das Werkstück angepreßt wird

Voraussetzung für ihre Verwendung ist, daß die Werkstücke nach den engen Toleranzen des ISA-Passungssystems vorgearbeitete Bohrungen bzw. Außendurchmesser haben. Die hohe Rundlaufgenauigkeit der Dehndorne wird bei der Verwendung als fliegende Dorne oft durch mehr oder weniger ungenaue Aufnahme in der Maschine aufgehoben. Deshalb sollte bei höheren Ansprüchen bei fliegender Bearbeitung nur die Ausführung als Flanschdrehdorn Verwendung finden. Hierbei muß die Zentrierung etwas Spiel (0,05···0,1 mm) haben, damit der Dorn nach der Meßuhr genau ausgerichtet werden kann.

Mit der in Fachkreisen heute allgemein bekannten sogenannten Rollkupplung ist eine Rundbearbeitungsvorrichtung geschaffen worden, die allen in der Praxis hinsichtlich Genauigkeit, Einfachheit und Sicherheit in der Bedienung gestellten Anforderungen bestens entspricht. Abb. 41 zeigt eine im Aufbau einfache Rollkupplung für Innenspannung bei fliegender Bearbeitung.

In dem Beispiel werden hochwertige *Zahnräder* in der bereits fertig bearbeiteten Bohrung aufgenommen. Hierbei kommt es auf eine besondere Genauigkeit an, um die unerwünschten Rundlauffehler in der Verzahnung auf ein Mindestmaß zu halten. Der Kraftaufwand beim Spannen ist gering, denn die Reibungszahl der rollenden Reibung beträgt etwa $^1/_{1000}$. Dabei kann der Anpreßdruck des Dornes a so weit gesteigert werden, daß Drehmomente bis zur Belastungsgrenze des Dornes a übertragen werden können. Durch die elastische Dehnung ändert sich der Durchmesser um ungefähr $2\,D/1000$ (worin D = Spanndurchmesser). Die Zentriergenauigkeit kann innerhalb $\pm$ 0,005 mm gehalten werden. Die kleinsten zu spannenden Durchmesser (innen und außen) betragen etwa 10···12 mm.

Aus dem weiten Rahmen des Anwendungsgebietes, das nicht nur jede Art von Rundbearbeitung, sondern jede Art von Bearbeitung und jede Vorrichtung umfaßt, bei der es auf genaues Zentrieren ankommt, bringt die Abb. 42 das Beispiel einer *Außenspannung*. Es handelt sich hierbei um eine Schleifvorrichtung, auf der die Rastennuten d genau parallel zur Achsmitte des Werkstückes geschliffen werden sollen. Zu diesem Zweck wird das Werkstück bei a an einem vorher geschliffenen Außenabsatz und an der anderen Seite bei b durch einen im Reitstock geführten Innenkegel mit Rollkupplungen zentriert. Eine Bestimmung in der Längsrichtung ist bei diesem Arbeitsgang nicht erforderlich. Die Genauigkeit der Zentrierung ist durch die doppelte Anwendung der mechanischen Dehnspannung gewährleistet. Bemerkenswert ist die neuartige Ausführung des Sperrstiftes c der *Teilvorrichtung*, die ein leichteres Ausklinken und Festsetzen der Teilscheibe ermöglicht, als es bei den sonst üblichen Ausführungsformen (s. Heft 33, S. 53 bis 57) der Fall ist.

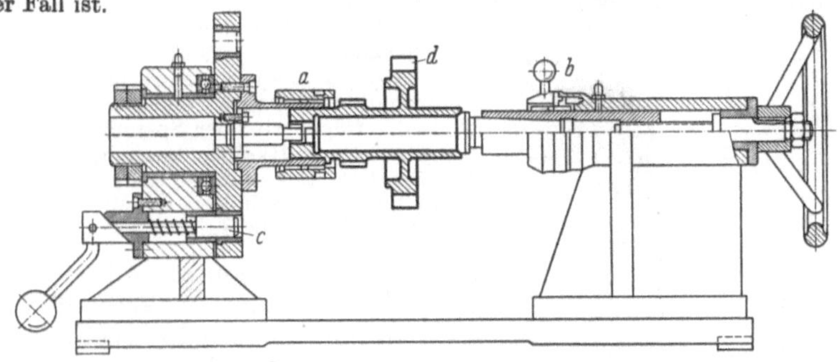

Abb. 42. Schleifvorrichtung mit zwei Stieber-Außenspannungen
a Außenspannung für Werkstück; *b* Außenspannung für Reitstockpinole; *c* Teilvorrichtung

Auch die in den Beispielen Abb. 43 und 44 dargestellten sogenannten *Emuge-Spannzeuge* der Bauart „Spieth" müssen als mechanisch spannende Dehndorne und -futter angesehen werden. Ihre Spannelemente sind die sogenannten Spieth-Spannhülsen. Das sind buchsenartige innen und außen mit ganz geringen Toleranzen sowie genau plangedrehte Körper, die von innen und außen wechselseitig mit Ausnehmungen versehen sind, wodurch sie die gewünschte elastische Verformbarkeit und damit die erforderliche Spannfähigkeit erhalten. Die Grundvorrichtung kann als Spanndorn für Innen- oder als Spannfutter für Außenspannung ausgebildet werden, und zwar, wie die anderen Dehndorne, als fliegender oder Spitzen-Spanndorn oder auch als Flansch-Drehdorn und -futter. Dadurch, daß diese Spieth-Spannhülsen mit einem geringen Spiel zwischen Werkstück und Spanndorn oder -futter axial unter Spannung gebracht werden, erfahren sie eine elastische Radialausdehnung, so daß der Außendurchmesser kreisförmig vergrößert und der Innendurchmesser kreisförmig verkleinert wird. Hierdurch wird das Spiel außen und innen an den Spannhülsen aufgehoben und so das Werkstück kraftschlüssig mittig zur Drehachse gespannt. Da die Dehnung stets im elastischen Verformungsbereich liegt, stellt sich das Spiel sofort wieder her, sobald die axiale Spannung aufgehoben wird.

Mit dieser Art elastischer Dehndorne läßt sich eine große Rundlaufgenauigkeit erzielen. Als nutzbarer Spannbereich ist für kleinere Spannbereiche die Passung ISA 7 und für größere die Passung ISA 8 vorgesehen. Für gröbere Fertigung gibt es auch besondere Spieth-Spannhülsen für Toleranzen bis zur Qualität ISA 11. Innen-Spannhülsen können ab 14 mm $\varnothing$, Außen-Spannhülsen ab 6 mm $\varnothing$ benutzt werden. Wer über eine größere Auswahl von verschiedenen Spieth-Spannhülsen verfügt, kann sich die Spannvorrichtung jeweils nach dem Baukastensystem zusammenbauen.

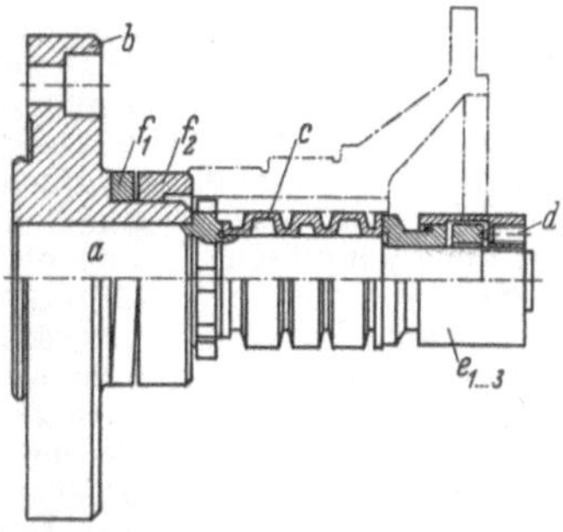

Die Abb. 43 zeigt einen solchen Spanndorn für *Innenspannung*, auf dem das Werkstück gleichzeitig durch Anschlag entfernungsbestimmt wird. Entsprechend der mit Vielkeilprofil versehenen Werkstückbohrung besitzt der Aufnahmedorn *a*, auf dem zwecks Mitnahme ein aufgeschrumpfter Flansch *b* sitzt, einen mit entsprechendem Vielkeilprofil versehenen Bund, auf dem das Werkstück geführt wird. Zentriert wird es durch die zylindrische Spannhülse *c* von dreifacher Normlänge. Durch die

Abb. 43. Emuge-Spanndorn mit Spieth-Hülse

a Spanndorn; *b* aufgeschrumpfter Flansch; *c* zylindrische Spannhülse; *d* Spannschraube; e_1, e_2, e_3 Kraftübertragungselemente; f_1, f_2 Kippscheibenpaar

Schraube *d* wird über die Kraftübertragungselemente *e* der Spannvorgang eingeleitet. Da in diesem Fall der Flanschabstand von der Nabenfläche des Werkstückes wegen Tolerierung eingehalten werden soll, und da angenommen werden muß, daß die Anschlagfläche nicht völlig

2*

schlagfrei zur Bohrung läuft, ist zum Ausgleich der Taumelfehler das Kippscheibenpaar f_1 und f_2 vorgesehen, so daß eine Verspannung vermieden wird.

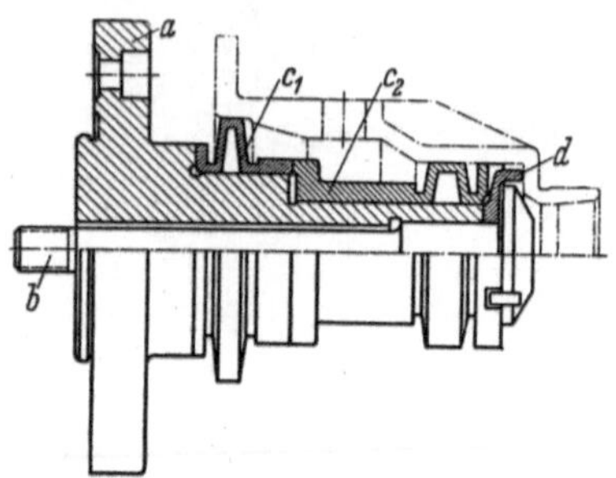

Abb. 44. Emuge-Differential-Flanschdrehdorn

a Drehdorn; *b* Spannbolzen, zu verbinden mit Preßluftkolben; c_1, c_2 Spannhülsen; *d* Zwischenscheibe

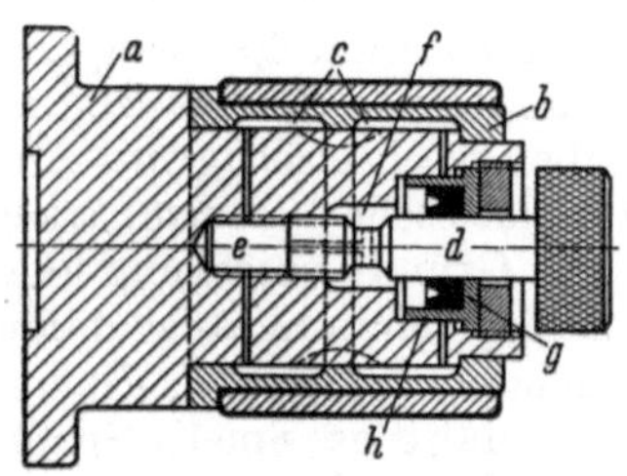

Abb. 45. Hydraulisch spannender Dehndorn (Bauart: *Hofer*-Dorn. Hersteller: Carl Mahr, Eßlingen a. N.)

a Dornkörper mit aufgezogener Spannhülse *b*; *c* Druckkammern; *d* Druckkolben; *e* Gewindebohrung; *f* Druckraum; *g* Dichtung; *h* Dichtungsraum

In Abb. 44 ist ein sogenannter *Differential-Flanschdorn* für Schnellspannung dargestellt. Es sind eng tolerierte Längenmaße zu der tiefliegenden Schulterfläche am Werkstück einzuhalten. In dem Flanschdrehdorn *a*, der die Spannhülsen *c* trägt, wird der Spannbolzen *b* geführt. Er wird von einem Preßluftkolben durch die Maschinenspindel hindurch betätigt. Der entfernungbestimmende Anschlag an der tiefliegenden Schulter des Werkstückes erfolgt durch die Zwischenscheibe *d*.

c) Hydraulisch spannende Dehndorne. Die neueste Entwicklung zur Verwirklichung einer Spannvorrichtung für Rundbearbeitung, die höchsten Genauigkeitsansprüchen genügt, führte zu dem *Hofer*-Dorn (Abb. 45), bei dem die Ausdehnung auf hydraulischem Wege erzeugt wird. Je nach der Spannlänge bzw. nach der Anzahl der aufzuspannenden Werkstücke besitzt die Spannhülse eine oder mehrere Druckkammern *c*, zwischen denen sich Lagerstellen befinden, die die Spannhülse auf dem Dorn zentrieren. Die einzelnen Druckkammern sind miteinander und durch Bohrungen auch mit dem Druckerzeuger verbunden. Die Hohlräume sind mit einer Druckflüssigkeit gefüllt. Durch Rechtsdrehen wird der Druckkolben *d* in den Druckraum *f* hineinbewegt und die Druckflüssigkeit zusammengepreßt. Bei einem bestimmten Druck werden die Wandungen der Spannhülse gleichmäßig elastisch verformt und gegen die aufgesetzten Werkstücke gepreßt. Für das Spannen und Lösen der Werkstücke ist je nach der Toleranz der Bohrung $1/2 \cdots 1^1/_2$ Umdrehung des Druckkolbens erforderlich.

Der Spanndruck ist durch Hubbegrenzung des Druckkolbens einstellbar, so daß eine Verformung über die Elastizitätsgrenze hinaus vermieden werden kann. Da die gesamte Spannfläche als Druck- bzw. Mitnahmefläche ausgenutzt wird, können bereits mit geringen spezifischen Flächendrücken große Drehmomente übertragen werden. Doch werden die hydraulischen Spanndorne in der Praxis in erster Linie für Feinstarbeiten benutzt. So handelt es sich bei dem gegebenen Beispiel darum, Buchsen, die innen bereits auf das Sollmaß geschliffen worden sind, ausgehend von der fertigen Bohrung außen auf das Sollmaß zu schleifen. Für solche Arbeiten ist die hydraulische Spannvorrichtung ebenso wie die Stieber-Rollkupplung vorzüglich geeignet, weil die gleichmäßige und vollkommene Auflage auch bei größeren Toleranzbereichen ein genaues Bestimmen bewirkt. Die sonst in der Praxis bekanntlich kaum zu erfüllende Forderung, an hochbeanspruchten Muttern und mutterähnlichen Werkstücken Gewinde, Außendurchmesser und Planflächen gleichmittig laufend auszuführen, läßt sich mit einem eigens hierfür angefertigten hydraulischen Dehndorn ohne Schwierigkeiten erfüllen.

Auch das Anwendungsgebiet der hydraulischen Dehndorne ist sehr umfangreich. Es können Werkstücke mit sehr großen Durchmessern und Längen bis zu mehreren Metern mit mehreren verschieden großen Bohrungen und weit auseinanderliegenden Spannstellen ohne besonders schwierige Bauweise des Dornes gespannt werden. Ferner ist es möglich, durch eine entsprechende Anordnung der Druckkammer mehrere Werkstücke mit Toleranzunterschieden in der Bohrung zu spannen. Der Druckerzeuger kann zentrisch wie auch seitlich angeordnet werden.

Die Abb. 46 zeigt z. B. einen hydraulischen Spanndorn für das Außenschleifen von Zylinderbuchsen (Innendurchmesser 200 mm) mit schräg seitlich angeordnetem Druckerzeuger *d*. Bemerkenswert ist die leichte geschweißte Ausführung des eigentlichen Spitzen-Spanndornes *a*, der zur Vermeidung frühzeitiger Abnutzung und damit zusammenhängender Gefährdung des einwandfreien Rundlaufs mit den gehärteten Stahlkörnern e_1 und e_2 versehen ist. Die mit den

Druckkammern c versehene Spannhülse b ist zur leichteren Aufbringung der Werkstücke mit der Anfasung f versehen. Zur Druckkontrolle ist ein Manometer g angebracht. Die Schraube h dient zur Entlüftung der Druckkammern beim Einbringen der Druckflüssigkeit.

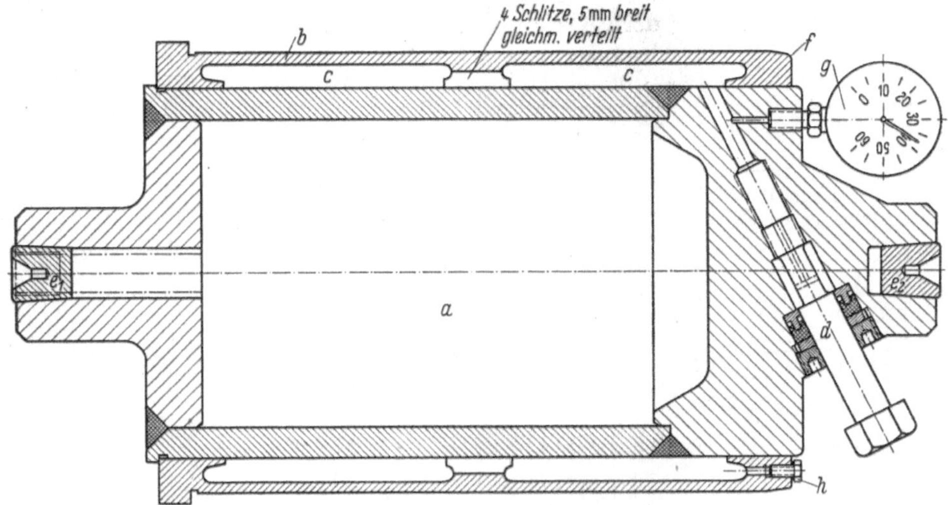

Abb. 46. Hydraulisch spannender Spitzendorn

a Spanndorn mit aufgeschrumpfter Spannbuchse b, deren Druckkammern c mit einer Druckflüssigkeit gefüllt sind und durch Druckerzeuger d unter Druck gesetzt werden; e_1, e_2 gehärtete Körnerstopfen; f Anfasung; g Manometer; h Entlüftungsschraube

Es ist bemerkenswert, daß mit einer Druckschraube mehrere Durchmesser gleichzeitig gespannt werden[1]. Vor allem zeigt sich die Überlegenheit der hydraulischen Spannung aber in der Aufnahme von Werkstücken, die keine kreisrunde Bohrung besitzen. Es können Werkstücke mit jedem beliebig geformten Profil, wie beispielsweise solche mit dem neuerdings immer mehr angewandten K-Profil, einwandfrei zentrisch aufgenommen werden. Der hydraulisch zu spannende Dehndorn ermöglicht also Gestaltungen, die bisher wegen Fertigungsschwierigkeiten nicht ausgeführt werden konnten; er erweitert damit den Kreis der Spannelemente ganz bedeutend. Ganz besondere Vorzüge sind seine außerordentlich leichte, einfache und sichere Bedienbarkeit.

13. Achsenspannfutter. Die Abb. 47 und 48 bringen ein Beispiel, in dem für den Aufbau einer Spannvorrichtung als wesentliches Element eine Gemeinvorrichtung (Dreibackenfutter) verwendet wird. Dieses Futter kann noch nicht als reines Achsenspannfutter angesehen werden, weil es auch zentrisch spannt. Auf ein gewöhnliches Dreibackenfutter ist ein topfförmiger Vorrichtungskörper aufgeschraubt, der drei Durchbrüche für die Backen hat. Das Werkstück wird am vorderen Ende in einem Innenkegel

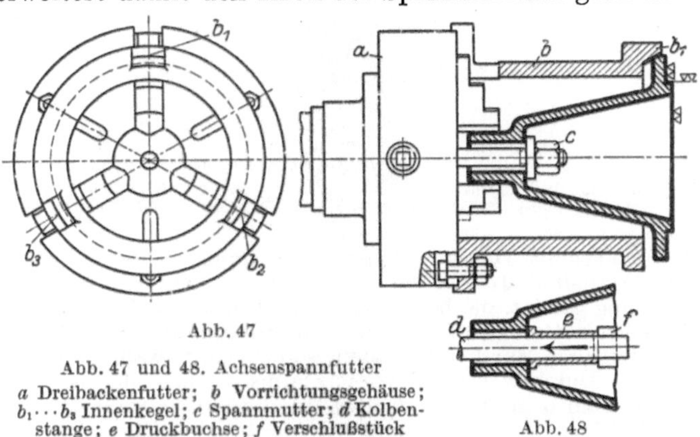

Abb. 47

Abb. 47 und 48. Achsenspannfutter

a Dreibackenfutter; b Vorrichtungsgehäuse; $b_1 \cdots b_3$ Innenkegel; c Spannmutter; d Kolbenstange; e Druckbuchse; f Verschlußstück

Abb. 48

---

[1] Siehe auch Werkstattbuch Heft 122: W. Ph. FERLING, Hydraulische Werkstückspanner.

(an drei Stellen ausgespart) und am hinteren im Dreibackenfutter gemittet.
Festgespannt wird es zunächst in Achsenrichtung durch eine Schraube und zuletzt
am Schaftende durch das Futter. An Stelle der Schraube kann natürlich auch ein
Preßluftspanner treten; der Spannverschluß ist hierbei aus praktischen Gründen
wie in Abb. 48 auszubilden.

Für die Bearbeitung des in den Abb. 47 und 48 gezeigten Werkstückes in der beschriebenen
Vorrichtung ist es selbstverständlich Voraussetzung, daß seine Nabenbohrung mit Bearbeitungs-
zugabe eingegossen oder vorher
vorgebohrt wird.

In Abb. 49 ist gezeigt, wie
man in der Regel Werkstücke in
Achsenrichtung gegen mittende

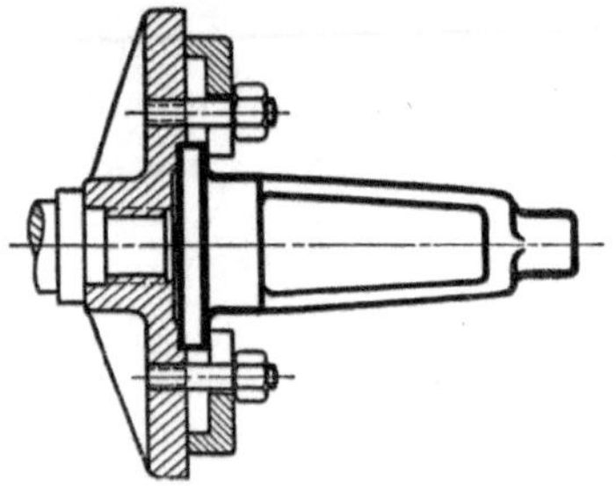

Abb. 49. Achsrechtes Spannen mittels
Spanneisen

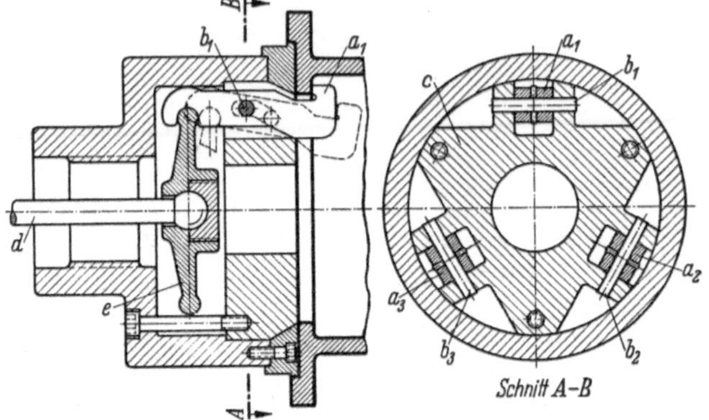

Abb. 50. Achsenspannfutter für Innenspannung

a_1, a_2, a_3 Zughaken mit Bolzen b_1, b_2, b_3 fest verbunden, die in Schlitzen
des Körpers c geführt werden; d Zugstange, durch Druckverteiler e mit
den Zughaken a_1, a_2, a_3 verbunden, bewegt diese in die punktierte
Endstellung

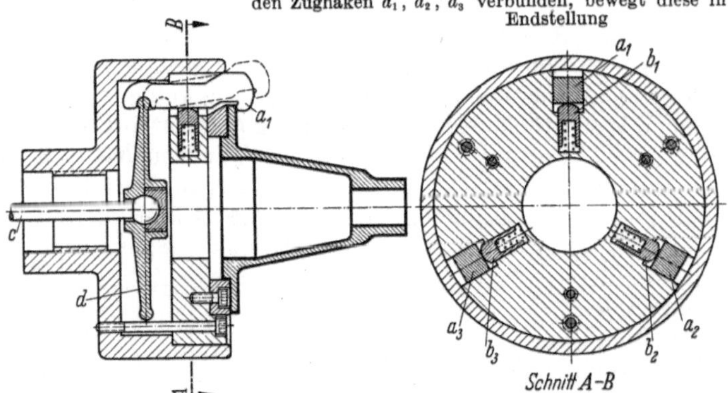

Abb. 51. Achsenspannfutter für Außenspannung

$a_1 \cdots a_3$ Zughaken, werden durch die unter Federdruck stehenden Bolzen $b_1 \cdots b_2$ nach außen gedrückt; c Zugstange, durch Druckverteiler d mit den Zughaken verbunden, bewegt diese in punktierte Endstellung

Ansätze spannt. Dieses Verfahren ist zeitraubend und erfordert oft noch einen zweiten Mann
zum Festhalten. In Abb. 50 ist ein Achsenspannfutter für Innen- und in Abb. 51 für Außenspannung gezeigt, die beide mit Preßluft arbeiten können. Drei sich selbsttätig öffnende und
schließende Greifer, die an einem Kugelteller angelenkt sind, spannen das Werkstück fest,
das mit einer Hand festgehalten werden kann, während die andere Hand den Preßlufthahn
bedient. Durch bedeutende Zeitersparnis machen sich diese verhältnismäßig teuren Vorrichtungen bald bezahlt.

Abb. 52 ist ein Achsenspannfutter zum Innenschleifen. Hierbei wird das Werkstück nicht wie
sonst üblich gegen einen mittenden Ansatz gespannt, sondern gegen einen Ring, der eine etwas
größere Bohrung hat als das auszuschleifende Werkstück. Es wird in diesem Falle nach der
Bohrung ausgemittet, da weder Außen- noch Innendurchmesser genau genug vorgearbeitet
sind. Das geschieht dadurch, daß vor dem Festspannen ein mittender Kegeldorn in Werkstück
und Vorrichtungskörper so weit eingeführt wird, bis der Kegel im Werkstück Widerstand
findet. Nach dem Festspannen wird der Dorn wieder entfernt.

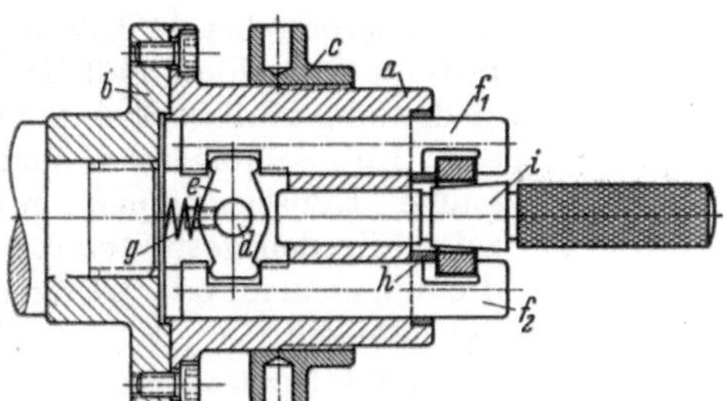

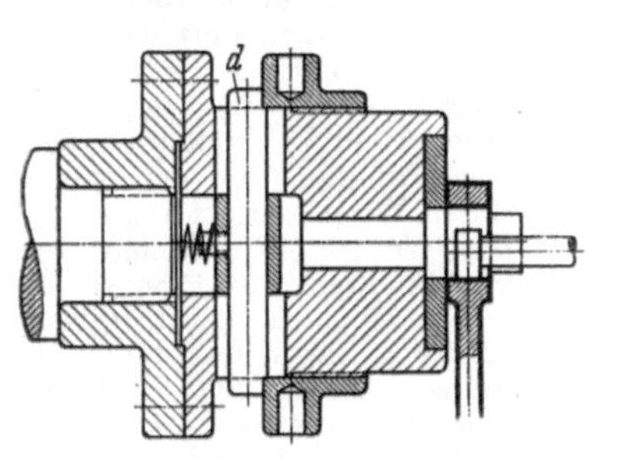

Abb. 52. Achsenspannfutter zum Schleifen
a Vorrichtungskörper, mit Spindelschlepp-
scheibe *b* fest verbunden; *c* Spannmutter
auf *a* aufgeschraubt; *d* Druckbolzen, durch *c*
bewegt; *e* Spannhebel, auf *d* schwenkbar,
mit *d* bewegt; f_1 und f_2 Spannfinger, durch
e achsrecht bewegt; *g* Druckfeder, drückt *d*,
e und *f* zurück; *h* Anlagering; *i* Ausmitt-
dorn, wird nach dem Aufspannen entfernt

Die für das Mitten erforderlichen Körner werden entweder
durch eine besondere Ankörn-
vorrichtung oder noch besser
gleich beim Ausstanzen oder
Gießen des Werkstückes mit
eingebracht. Die Körnerspitzen
sind achsrecht verstellbar und
können daher nach dem Nach-
schleifen neu eingestellt werden.

**15. Schwenkbare Spannvor-
richtungen für Einzelrundbearbeitung** sind oft recht schwierig
zu konstruieren, da man in jeder
der einzelnen Arbeitsstellungen

Abb. 54. Schwenkbare Rundbearbeitungs-
Spannvorrichtung
a schwenkbarer Aufnahmekörper, trägt als
Stütz- und Zentriermittel die beiden prismatischen Knaggen b_1, b_2 und die Wippe *c*,
die zusammen eine Dreipunktauflage ergeben; *d* Spannbolzen, verbindet *a* mit Vorrichtungskörper *e*; *f* Griffschraube mit Kur-
venflansch, dient zum festen Verspannen
von *a* mit *e* und zum Bewegen des Fest-
stellbolzens *g*; *h* Spannbügel

14. Körnermitnehmerscheibe. Glatte
Scheiben ohne jeden Durchbruch, die
entweder nur oben oder teilweise auch
seitwärts bearbeitet werden sollen,
spannt man wie in Abb. 53, gegen drei
im Dreieck angeordnete Körnerspitzen
von 90° durch ein umlaufendes, in der
Reitstockpinole befestigtes Druckstück.

Abb. 53. Körnermitnehmerscheibe
a_1, a_2, a_3 Körnerspitzen mit Kegelschaft, durch die geschlitzten
Gewindebüchsen b_1, b_2, b_3 mit dem Futterkörper verbunden;
c Umlaufendes Druckstück

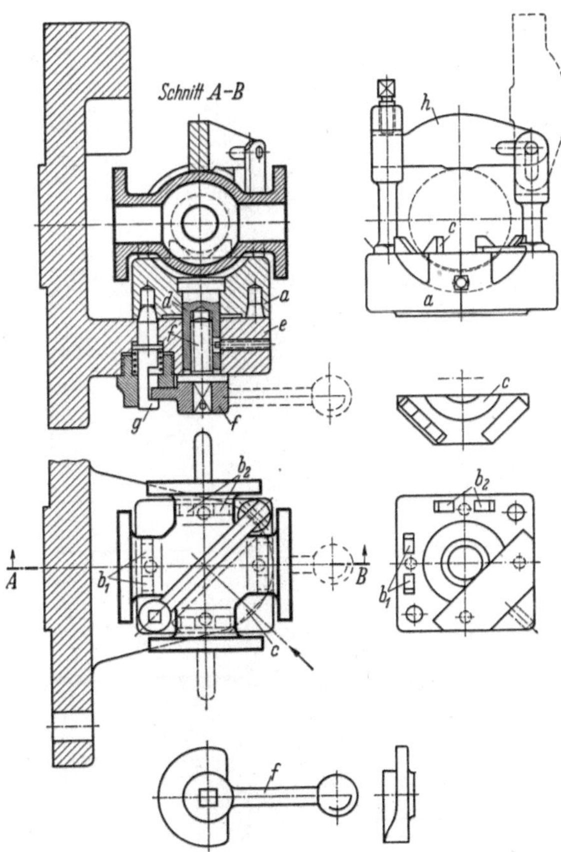

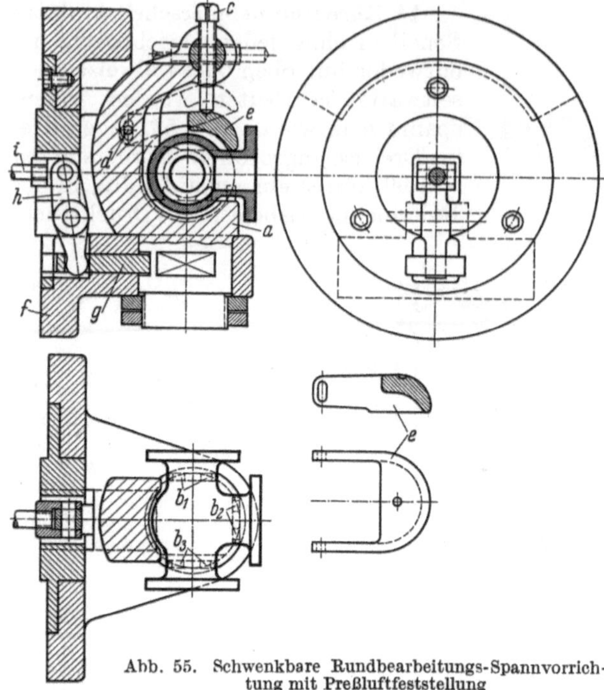

Abb. 55. Schwenkbare Rundbearbeitungs-Spannvorrichtung mit Preßluftfeststellung

a schwenkbarer Aufnahmekörper, trägt zum Stützen und Ausmitten die drei prismatischen Knaggen $b_1 \cdots b_3$ (Dreipunktauflage), die schwenkbare Spannschraube *c* und den bei *d* angelenkten Dreipunktdruckverteiler *e*; *f* Vorrichtungskörper, trägt den Spannschieber *g*, der durch Hebel *h* und Zugstange *i* bewegt wird und *a* mit *f* in bestimmten Stellungen festspannt

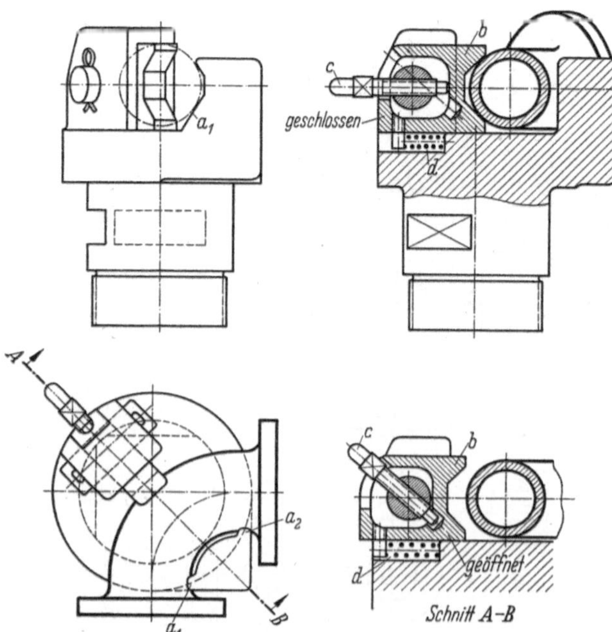

Abb. 56. Ergänzungsteil zur Vorrichtung Abb. 55

$a_1 \cdots a_2$ prismatische Knaggen, unterstützen das Werkstück (Zweipunktauflage) und mitten es mit Hilfe des prismatischen Druckstückes *b*; *c* schwenkbare Spannschraube, bewegt in waagrechter Lage das Druckstück *b* vor und gibt es in schräger Lage frei, so daß es durch Feder *d* zurückbewegt werden kann

weit hervorstehende Teile unbedingt vermeiden muß. Die Bedienung muß auch einfach sein. Im nachfolgenden sind einige Konstruktionen gezeigt, die den gestellten Bedingungen mehr oder weniger gut genügen.

a) Abb. 54 zeigt zunächst eine Vorrichtung nur für Handbetätigung. Bemerkenswert ist an der Spannvorrichtung selbst die eigenartige Mittung des Werkstückes und die Unterstützung an drei Punkten, von denen einer durch Wippe zerlegt ist, so daß das Werkstück tatsächlich auf vier Punkten (drei Prismen und eine gewöhnliche Stütze) gleichmäßig aufliegt. Das Lösen des Schwenkkörpers und Herausziehen des Feststellers, um zu schwenken, das Wiederfeststellen und Festspannen des Schwenkkörpers auf dem Unterteil nach erfolgter Umschaltung, geschieht in einem Zuge und kann daher als sehr einfach bezeichnet werden. Nicht schön ist bei der Vorrichtung der hervorstehende Handhebel, der eine Unfallgefahr ist. Wird er beseitigt, so ist der Arbeiter gezwungen, jedesmal einen Schlüssel zur Hand zunehmen.

b) Bei der Preßluftvorrichtung Abb. 55 fällt dieser Übelstand fort. Außergewöhnlich ist hierbei die Feststelleinrichtung durch ein Druckstück, das auf gerade Flächen des Drehzapfens wirkt und dadurch nicht nur eine bestimmte Drehstellung sichert, sondern auch Oberteil mit Unterteil festspannt.

c) Mit demselben Unterteil kann auch der für ein anderes Werkstück entworfene obere Teil Abb. 56 verbunden werden, womit gezeigt wird, daß bei nicht genügenden Stückzahlen das Unterteil für mehrere Werkstücke gleicher oder ähnlicher Art und Größe verwendet werden kann.

16. Spannvorrichtung für Reihenrundbearbeitung. Das Beispiel Abb. 57 zeigt, wie wirtschaftlich mit dieser Vorrichtung gearbeitet werden kann. Die dargestellte Vorrichtung ist zum Einfräsen der Schlitze in Ankerbolzen eingerichtet. Sie ist für 20 Werkstücke gebaut und kann ohne Stillstand der Maschine an der dem Fräser gegenüberliegenden Seite bei stetigem Fräsen nach Abspannen der gefrästen Ankerbolzen laufend mit neuen beladen werden. Zu diesem Zweck wird die Vorrichtung auf einer Fräsmaschine mit Rundtisch zentrisch aufgespannt, damit die Schlitze gleiche Tiefe erhalten. Hierfür ist in dem Grundkörper *a* ein gehärteter Zentrierzapfen *b* eingesetzt.

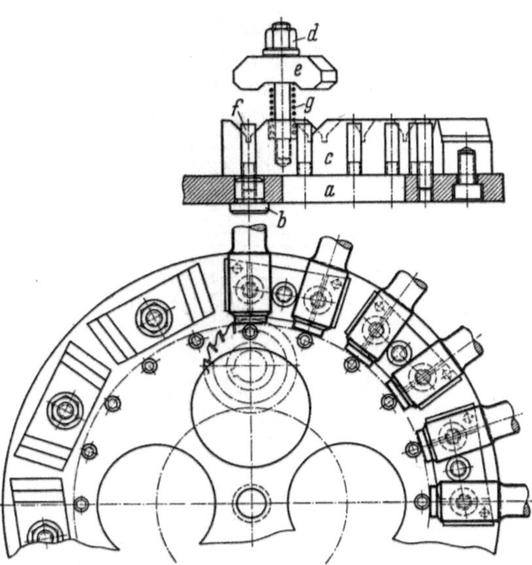

Abb. 57. Spannvorrichtung für Reihenrundbearbeitung

a Vorrichtungskörper; *b* Zentrierzapfen; *c* Prismenstücke; *d* Spannschrauben; *e* Spanneisen; *f* Anschlagstifte; *g* Federn

D. Grundsätzliches über Spannvorrichtungen für Langbearbeitung

17. Anforderungen. Die Spannvorrichtungen für Langbearbeitung stehen während des Betriebes entweder gänzlich still oder sie bewegen sich nur langsam hin und her. Das Gewicht spielt also keine Rolle. Da diese Vorrichtungen im Gegensatz zu denen für Rundbearbeitung in einer bestimmten gleichbleibenden Richtung stehen, ist bei der Konstruktion darauf zu achten, daß sie auch von einer bequemen und unfallsicheren Seite der Maschine bedient werden können. Weil das nicht immer beachtet wird, sind dabei oft allerlei Körperverrenkungen nötig.

18. Schwenkbare Einzelspannvorrichtungen für Langbearbeitung. Bohr- und Fräswerke sind meistens mit Dreh- oder Schwenktischen ausgestattet, so daß man einzeln zu bearbeitende Werkstücke, ohne umzuspannen, von mehreren Seiten bearbeiten kann, indem man die Tische herumschwenkt. Da diese Tische aber stets für die größten vorkommenden Werkstücke gebaut und schwer und unhandlich zu bedienen sind, ist es sehr unwirtschaftlich, sie bei kleinen Werkstücken zu benutzen. Das trifft besonders zu, wenn die Bearbeitungszeiten sehr kurz sind. Es ist dann ein unbilliges Verlangen, den schweren Tisch in kurzen Zeitabständen fortgesetzt zu schwenken. Eine derartige schwere körperliche Belastung darf auf die Dauer keinem Arbeiter zugemutet werden. Außerdem geht auch Zeit dabei verloren. Es sind daher in solchen Fällen die sowieso erforderlichen Spannvorrichtungen schwenkbar auszubilden. In Abb. 58 ist die Anordnung auf einem Doppelfräswerk schematisch dargestellt. Die Schwenkachse *c* muß möglichst gleich weit von den zu bearbeitenden Flächen liegen.

19. Schwenkbare Doppelspannvorrichtungen für Langbearbeitung. Sind auf Bohr- und Fräswerken Werkstücke nur an einer Seite zu bearbeiten, so kann man, um die Nebenzeiten wesentlich zu verkürzen, die Spannvorrichtungen so einrichten, daß man sie während des Betriebes bedienen kann. Sie werden zu dem Zweck doppelt und um eine gemeinsame Achse schwenkbar ausgeführt, so daß beide Vorrichtungen abwechselnd in Arbeitsstellung gebracht werden können. Die Nebenzeit zum Spannen fällt dadurch gänzlich fort. Abb. 59 zeigt eine derartige Anordnung schematisch.

20. Spannvorrichtungen für Mehrfachlangbearbeitung. Auf Hobel- und besonders auf Fräsmaschinen kann man dadurch, daß man mehrere Werkzeuge parallel nebeneinander anordnet, mehrere Werkstücke gleichzeitig bearbeiten. Ehe man daher für

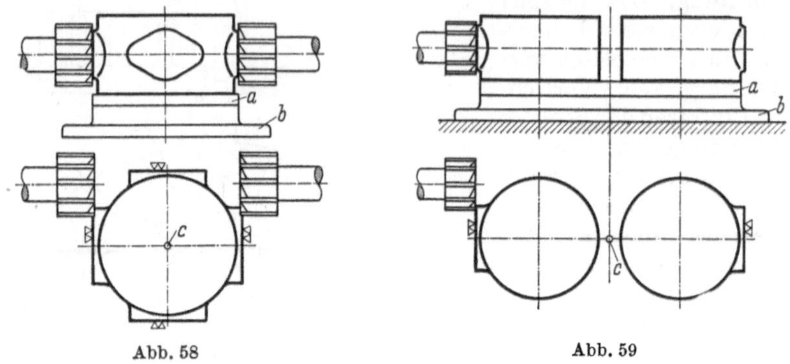

Abb. 58   Abb. 59

Abb. 58 und 59. Schema schwenkbarer Spannvorrichtungen
a Schwenkkörper; *b* Unterteil, feststehend; *c* Schwenkachse

sperrige Teile, die nicht hintereinander in Reihen bearbeitet werden können, Einzelspannvorrichtungen anfertigt, ist zu untersuchen, ob sich dieses Verfahren nicht anwenden läßt. Auf Gleichlauf-Fräsmaschinen kann man auch noch die Nebenzeiten zum Spannen beseitigen, indem man zwei einfache oder mehrfache Vorrichtungen anfertigt und je eine vor und hinter dem Fräsersatz anordnet. Die Fräser arbeiten dann sowohl beim Vor- als auch beim Rücklauf des Tisches. Abb. 60 zeigt diese Anordnung für je zwei sperrige Werkstücke.

21. Spannvorrichtungen für Reihenlangbearbeitung. Beim Langbearbeiten benötigt der Hobelstahl zu jedem einzelnen Span eine gewisse Leerzeit zum Ein- und Auslauf. Beim Fräsen sind diese Leerzeiten meist noch größer. Sie fallen um so höher ins Gewicht, je tiefer und kürzer der Schnitt ist. Am günstigsten wird die Maschine also dann ausgenutzt werden, wenn die Werkstücklänge

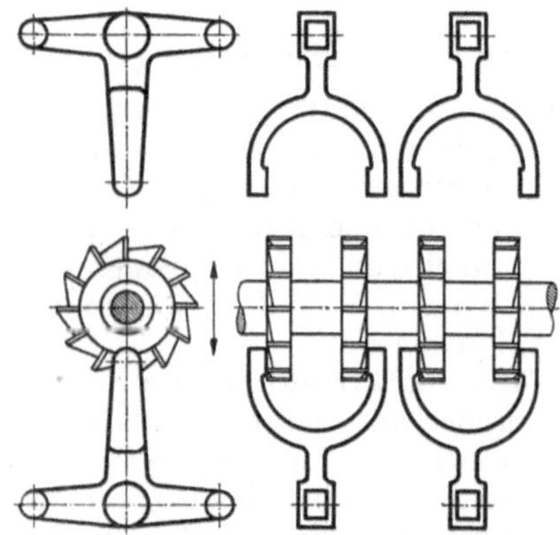

Abb. 60. Schema für das Arbeiten mit Mehrfachlangbearbeitungs-Spannvorrichtungen

gleich der Arbeitslänge des Maschinentisches ist. Es ist daher selbstverständlich, kleinere Werkstücke nicht einzeln, sondern in Reihen hintereinander aufzuspannen, damit die Tischlänge voll ausgenutzt wird.

Bei der Konstruktion solcher Vorrichtungen ist zu beachten, daß die einzelnen Werkstücke mit den zu bearbeitenden Stellen recht nahe aneinandergebracht werden. Das ist aber nicht immer möglich, besonders bei sperrigen Teilen. Die Zwischenräume werden unter Umständen so groß, daß ein erheblicher Leerlauf entsteht und die Vorteile der Reihenspannvorrichtung nicht mehr zur Geltung kommen. In solchen Grenzfällen ist daher zu untersuchen, ob die *Einzelbearbeitung* nicht wirtschaftlicher ist. Natürlich müssen dabei auch die Mehrkosten für die weit teureren Reihenspannvorrichtungen gegenüber denen für Einzelspannung in Rechnung gesetzt werden

Diese Reihenspannvorrichtungen werden im allgemeinen nur beim Fräsen glatter Flächen mit Stirnfräsern während des Betriebes beschickt, so daß ähnlich wie bei den Reihenspannvorrichtungen für Rundbearbeitung stetig, jedoch hin- und hergehend, gearbeitet werden kann

(Abb. 61). Beim Hobeln können die Vorrichtungen keinesfalls während der Arbeit bedient werden, beim Fräsen mit Walzen-, Scheiben- und Formfräsern dagegen wohl nach besonderem Verfahren, wie es Abb. 62 erläutert: es wird von der Mitte des Maschinentisches abwechselnd nach beiden Richtungen mit je einem rechts und links schneidenden Fräser gearbeitet, die beide nebeneinander sitzen. Die Maschine muß natürlich vor- und rückwärts umschaltbar sein. Es werden entweder zwei einzelne Vorrichtungen gemäß der Skizze auf dem Maschinentisch befestigt oder eine entsprechende Gesamtvorrichtung, mit der die Werkstücke in zwei getrennten Gruppen eingespannt werden. Es wird in der Weise gearbeitet, daß abwechselnd auf einer Tischhälfte gespannt und gleichzeitig auf der zweiten Hälfte gefräst wird, so daß sich die Maschinenleistung erheblich erhöht.

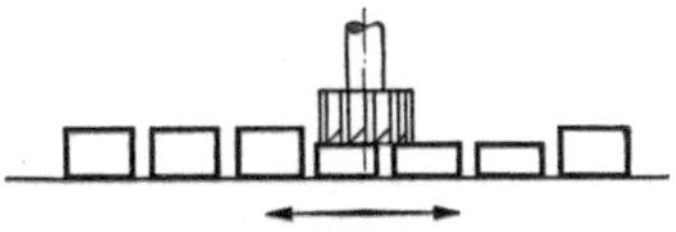

Abb. 61

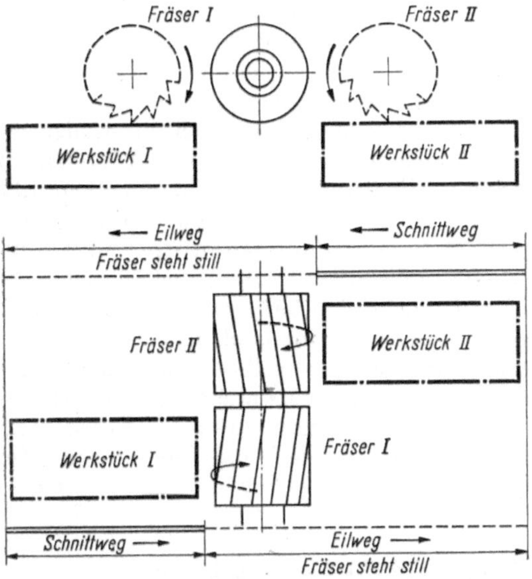

Abb. 62

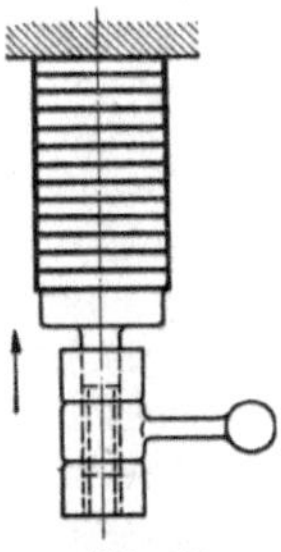

Abb. 63

Abb. 64

Abb. 65

Abb. 66

Abb. 61 und 62. Schema für das Fräsen mit Reihenlang-
bearbeitungs-Spannvorrichtungen

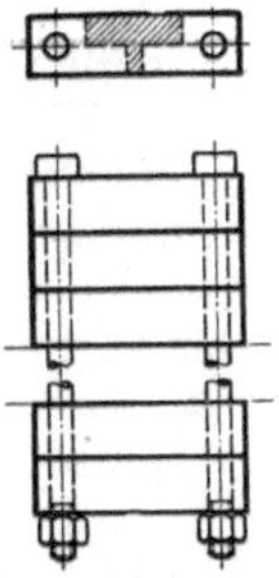

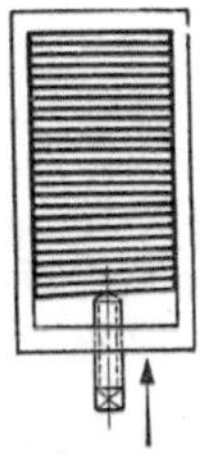

Abb. 63···66. Blockspannung

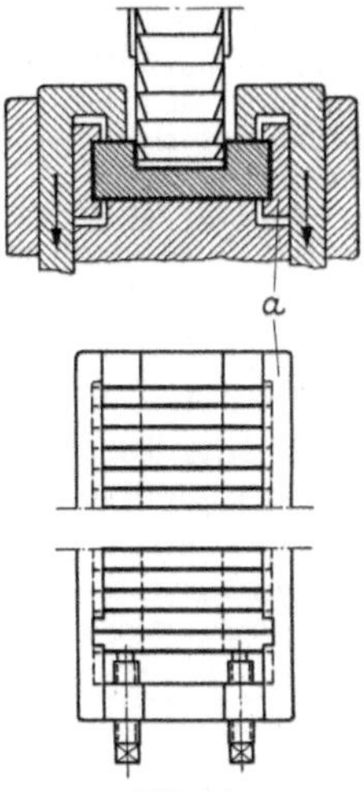

22. Spannvorrichtungen für Reihenlangbearbeitung mit Blockspannung ohne und mit Ladekäfig.

Wenn es die Form und Größe der Werkstücke gestattet, reiht man diese ohne Zwischenräume in der Spannvorrichtung aneinander und bildet dadurch einen starren Block, der eine weit höhere Schnittkraft aufnehmen kann als das einzelne Stück. Der Vorschub kann unter Umständen vervielfacht werden. Die Blockspannung ist für die wirtschaftliche Bearbeitung daher am günstigsten, und es sollte schon bei der Konstruktion einschlägiger Teile darauf weitestgehend Rücksicht genommen werden. Abb. 63 zeigt das Wesen der Blockspannung.

Für die Blockreihenspannung lassen sich auch oft gewöhnliche Maschinenschraubstöcke verwenden, indem man sie mit entsprechenden Einrichtungen zum Bestimmen der Werkstücke versieht (s. Abschn. 27).

Bei der Blockreihenspannung kann man auch durch sogenannte *Ladekäfige* die Nebenzeiten zum Auf- und Abspannen erheblich verkürzen. Dieses Verfahren kommt aber nur bei kleineren Massenteilen aus blankgezogenem oder entsprechend vorbearbeitetem Werkstoff in Frage. Die Einrichtung ist wirtschaftlich und auch sehr praktisch, denn die einzelnen Werkstücke werden nicht auf der Maschine selbst aneinandergereiht und -gespannt, sondern abseits davon auf besonderen Ladetischen.

Es wird in folgender Weise gearbeitet: Zu der eigentlichen, fest auf der Maschine aufgespannten Vorrichtung gehören zum abwechselnden Arbeiten mindestens zwei Ladekäfige, die so leicht wie möglich gebaut sind und etwa der Arbeitslänge des Maschinentisches bzw. der Vorrichtung entsprechen. In diesen Käfigen werden abseits von der Maschine die Werkstücke aneinandergereiht und leicht zusammengespannt. Der so gebildete Block wird jetzt wie ein Einzelteil in die Spannvorrichtung eingeführt und dort festgespannt. Die beladenen Käfige dürfen natürlich nicht zu schwer werden, damit sie ohne große Mühe noch frei hantiert werden können.

In Abb. 64 ist ein beladener Käfig in der Draufsicht allein und im Querschnitt eingespannt gezeigt. In Abb. 65 ist noch eine andere Form eines Ladekäfigs wiedergegeben, wobei die mit zwei Löchern versehenen Werkstücke auf Dorne aufgezogen und durch gewöhnliche Muttern zusammengespannt werden. Wie in der Abbildung ersichtlich, sind die Stücke in doppelter Länge zugeschnitten und werden beim Fräsen in zwei Teile geteilt; die schraffierte Fläche deutet den Abfall an.

Bei der Blockspannung im allgemeinen und im besonderen beim Spannen mit Ladekäfigen besteht der *Nachteil*, daß sich die Fehler in den Werkstücken summieren können und an den Enden des Blocks die Teile nicht mehr genau parallel zueinander liegen. Es sind daher möglichst immer zwei Spannelemente vorzusehen, damit durch verschieden starke Spannkraft die Parallelität wiederhergestellt werden kann. Die schematische Skizze Abb. 66 zeigt übertrieben die Fehler, die beim Spannen mit einer Schraube entstehen können. Das beste ist es, wenn, wie an einem Parallelschraubstock, eine Spannbacke in einer Geradführung parallel vorgedrückt wird. Beim Ladekäfig ist diese Ausführung wegen des zu großen Gewichts nicht anwendbar.

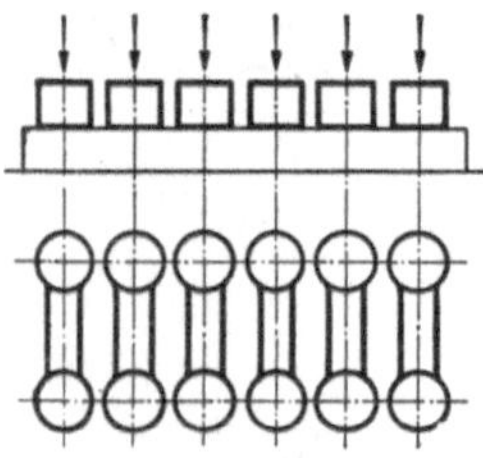

Abb. 67. Schema der unabhängigen Reihenspannung

23. Spannvorrichtungen für Reihenlangbearbeitung mit unabhängiger Spannung. Kann die Blockspannung infolge ungeeigneter Form der Werkstücke nicht angewendet werden, so muß die Spannvorrichtung eine Reihe unabhängig voneinander arbeitender Spanneinheiten erhalten, in denen die Teile einzeln oder auch paarweise aufgenommen werden. In Abb. 67 ist das Schema einer derartigen Anordnung wiedergegeben.

E. Beispiele von Spannvorrichtungen für Langbearbeitung

24. Die schwenkbare Doppelspannvorrichtung Abb. 68 wird nicht allein deswegen gezeigt, weil es sich um ein häufig vorkommendes Werkstück handelt, sondern wegen der besonderen Art der Festspannung. Schubstangen gehören zu den sperrigen Teilen, die recht häufig durch nicht sachgemäßes Aufspannen verspannt werden. Das hat aber viel Scherereien und Nacharbeiten zur Folge. *Falsch* ist das Spannen der Schubstange in Pfeilrichtung (Abb. 69), wenn sie gebohrt werden soll, weil es unrunde Löcher ergibt. Noch falscher ist in Abb. 70 gespannt, weil es nicht parallele Löcher ergibt. *Richtig* ist es, die Stange wie in Abb. 71 zu spannen und die Köpfe dabei richtig zu unterstützen. Sind diese seitlich noch unbearbeitet, so würde die Bohrspannvorrichtung sehr teuer werden, denn es müßte ein Auflagepunkt zerlegt und auch Kraftverteiler müßten angewandt werden. Vorteilhafter ist es daher, die Köpfe zuerst seitlich zu bearbeiten, um gerade Auflageflächen zu schaffen, wodurch sich die Vorrichtung bedeutend vereinfacht. Bedingung für eine einwandfreie Bohrarbeit ist dann jedoch, daß die Auflageflächen tatsächlich auch gerade und die Köpfe gleich stark sind; denn alle Fehler, die sich hierin zeigen, die an und für sich belanglos sein mögen, wirken sich beim Bohren aus und ergeben Fehlstücke (nicht parallele Löcher) durch Verspannen. Es hängt also alles von der ersten Arbeitsstufe, der seitlichen Bearbeitung, ab. Die kann aber nur bei einer richtig konstruierten Spannvorrichtung gelingen. Eine solche zeigt Abb. 68. Sie ist als schwenkbare Mehrspannvorrichtung ausgebildet. Zur Unterstützung ist die theoretische Einpunktauflage durch Prismenwippe ge-

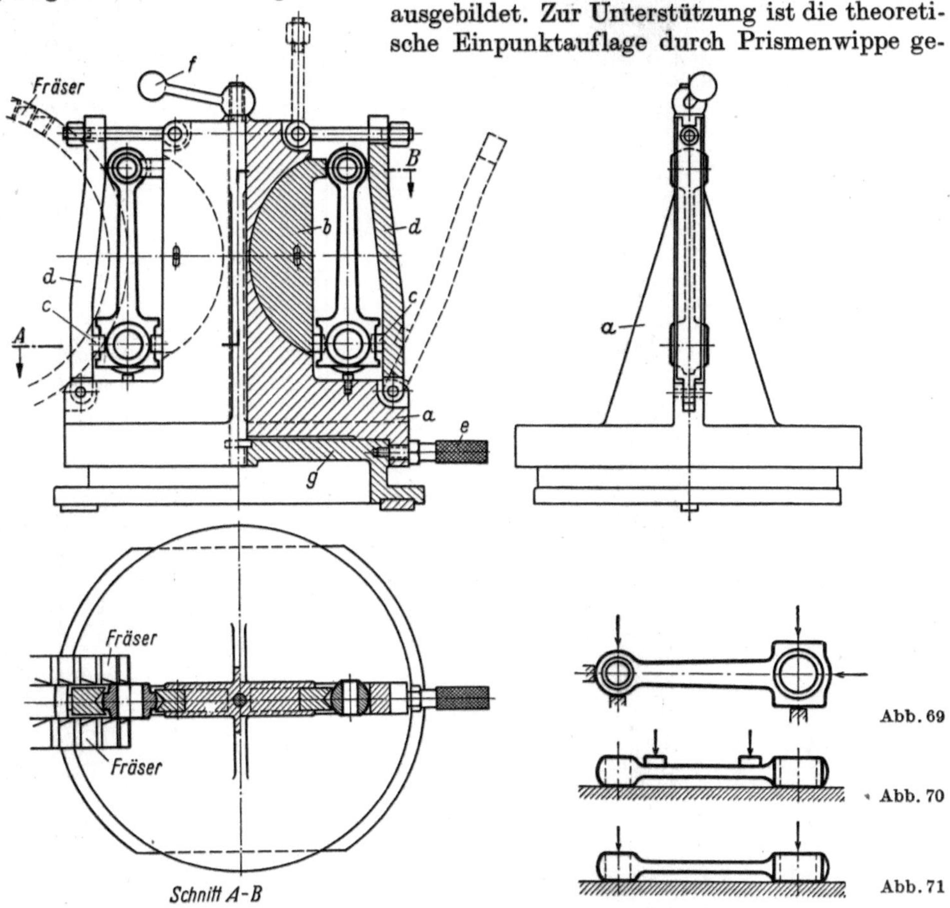

Abb. 68. Schwenkbare Doppelspannvorrichtung für Langbearbeitung

a schwenkbarer Aufnahmekörper mit zwei Spanneinheiten; *b* Prismenwippe (Einpunktauflage zerlegt), mittet das Werkstück mit Hilfe der prismatischen Knaggen *c* des Spannbügels *d*; *e* Zugfeststeller, dient zum Schwenken und Feststellen des Oberteiles; *f* Griffmutter, spannt Oberteil *a* auf dem Unterteil *g* fest

Abb. 69···71. Spannkräfte beim Bohren von Schubstangen

gewählt worden, wodurch ermöglicht wird, die Stange an einer gut zugänglichen Stelle durch nur eine Schraube so festzuspannen, daß sie gleichzeitig von beiden Seiten gefräst werden kann. Ein Verspannen in der Längsrichtung, das zu Fehlstücken beim Bohren führen könnte, ist hierbei ausgeschlossen. Beachtenswert ist auch die eigenartige Mittung.

25. Die Reihenspannvorrichtung mit gruppenweiser Blockspannung Abb. 72 dient zum Aufschneiden und gleichzeitigen Abflächen von Schubstangenköpfen durch Satzfräser. Die fertig gebohrten Stangen können von beiden Enden der Vorrichtung in zwei voneinander unabhängigen Gruppen aufgespannt werden. Damit sie anstandslos auf die Aufnahmedorne geschoben werden können, ist ein Dorn auf elliptischen Querschnitt abgearbeitet, so daß Längenunterschiede der Stangen unwirksam werden.

Ein weiteres Beispiel bringt Abb. 73. Diese Vorrichtung dient dem gleichen Zweck wie die in Abb. 57 wiedergegebene Spannvorrichtung: nämlich zum Einfräsen von Schlitzen in Ankerbolzen. Statt der dort vorgezogenen Reihenrundbearbeitung wird hier die Reihenlangbearbeitung gewählt. Der Vorrichtungskörper a, der durch die gehärteten Zapfen b_1 und b_2 am Maschinentisch einer Fräsmaschine aufgenommen wird, kann 10 Werkstücke zugleich aufnehmen, die mittels der beiden Spannschrauben c von den Prismenstücken d gespannt werden. Es sind die

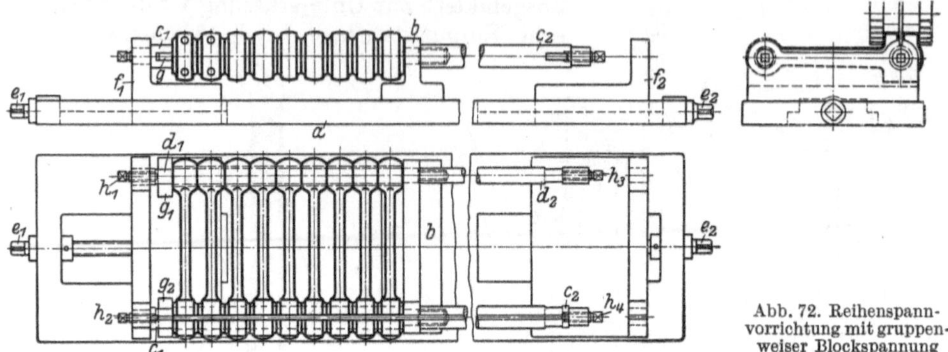

Abb. 72. Reihenspannvorrichtung mit gruppenweiser Blockspannung

a Grundplatte, trägt fest den Mittelblock b mit den Aufnahmedornen c_1, c_2 (runder Querschnitt) und d_1, d_2 (elliptischer Querschnitt), ferner die beiden in Geradführungen durch Spindeln e_1, e_2 beweglichen Stützböcke f_1, f_2; g_1, g_2 Druckstücke, werden durch Spannschrauben $h_1 \cdots h_4$ gegen die Werkstücke gedrückt

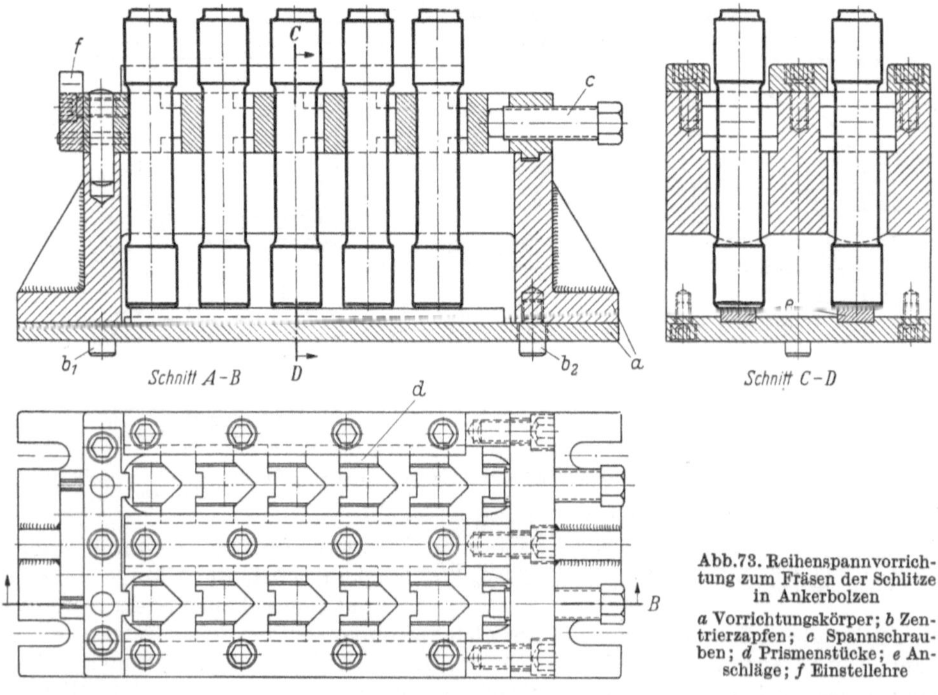

Schnitt $A-B$

Schnitt $C-D$

Abb. 73. Reihenspannvorrichtung zum Fräsen der Schlitze in Ankerbolzen

a Vorrichtungskörper; b Zentrierzapfen; c Spannschrauben; d Prismenstücke; e Anschläge; f Einstellehre

entfernungbestimmenden Anschläge e vorgesehen. Eine Lehre f dient zum Einstellen der Schlitzfräser. Für diese Vorrichtung fällt zwar eine Nebenzeit zum Spannen an, jedoch ist die eigentliche Arbeitszeit kürzer als bei der Reihenrundbearbeitung, weil mit 2 Fräsern zugleich gefräst wird.

Eine *hydraulische* Reihenspannvorrichtung wird in der Abb. 74 dargestellt und damit auch die neuere Entwicklung aufgezeigt. Die hydraulische Spannung ist dann anzuwenden, wenn die Lösung der Aufgabe mit rein mechanischen Bauelementen zu verwickelt wird oder wenn durch die Hydraulik eine Zeitersparnis in der Handhabung erreicht werden soll. Die gezeigte Vorrichtung ist zum Schleifen von Drehmeißeln entwickelt worden. Es werden 10 Werkstücke w in dem Vorrichtungsgrundkörper a gleichzeitig dadurch gespannt, daß die in dem schwenkbaren Spannkörper b sitzenden Kolben c kommunizierend die Spannkraft auf die Werkstücke übertragen.

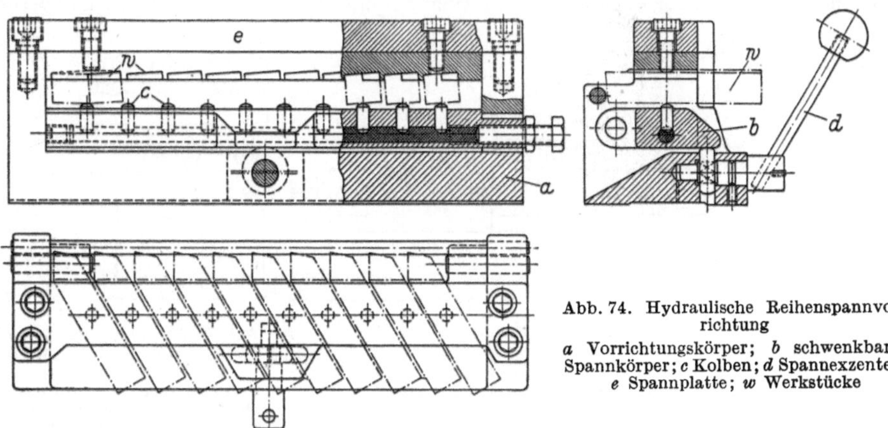

Abb. 74. Hydraulische Reihenspannvorrichtung

a Vorrichtungskörper; b schwenkbarer Spannkörper; c Kolben; d Spannexzenter; e Spannplatte; w Werkstücke

Der Spannkörper wird durch das Exzenter d bewegt. Zwar werden in diesem Fall die Werkstücke gegen die Regel nach oben gegen die Spannplatte e gedrückt, so daß gegen die Spannkraft gearbeitet wird. In Anbetracht der geringen beim Schleifen auftretenden Schnittkraft ist das aber bedeutungslos. Als Übertragungsmittel für die Spannkraft wird ein plastischer Stoff verwendet[1].

26. Eine Reihenspannvorrichtung mit Ladekäfig, auf der gleichzeitig zwei Reihen Werkstücke aus blank gezogenem Stahl von den Fräsern a und b gefräst werden, zeigt Abb. 75. Dabei sind zwei Satz von je zwei Stück Ladekäfigen erforderlich. Bei der Vorrichtung ist die Kröpfscheiben- (Exzenter-) Spannung angewendet. Zur Sicherung der Kröpfscheiben gegen eine unerwünschte Lockerung sind Sperreinrichtungen vorgesehen.

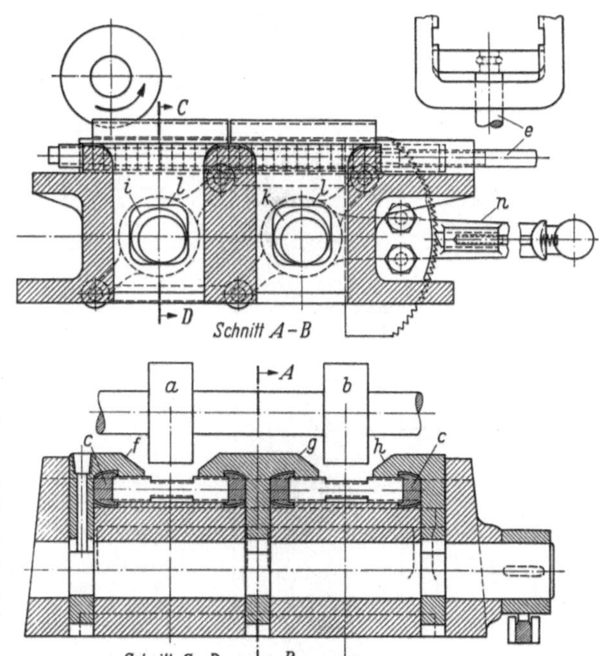

Abb. 75. Reihenspannvorrichtung mit Ladekäfigen

f, g, h Spannbacken, werden in den Durchbrüchen l durch Kröpfscheibenwellen i und k bewegt; c Ladekäfige; n Spannhebel mit Feststellklinke; e Spannschraube, drückt Werkstücke im Ladekäfig zusammen

27. Maschinenschraubstock (Gemeinvorrichtung) als Reihenspannvorrichtung. Für geeignete glatte Teile mit parallelen Flächen kann man als Reihenspannvorrichtun-

---

[1] Siehe Werkstattbuch Heft 33, S. 22; ferner Heft 122: FERLING, Hydraulische Werkstückspanner.

gen mit Blockspannungen auch Maschinenschraubstöcke ausbauen. Für kleinere Werkstücke ist es dann besonders vorteilhaft, mit Ladekäfigen zu arbeiten (s. Abschn. 22).

Im Beispiel Abb. 76 werden die Werkstücke aus blank gezogenem Stahl auf doppelte Länge mit entsprechender Zugabe abgeschnitten, durch Bohrvorrichtung gebohrt und gerieben

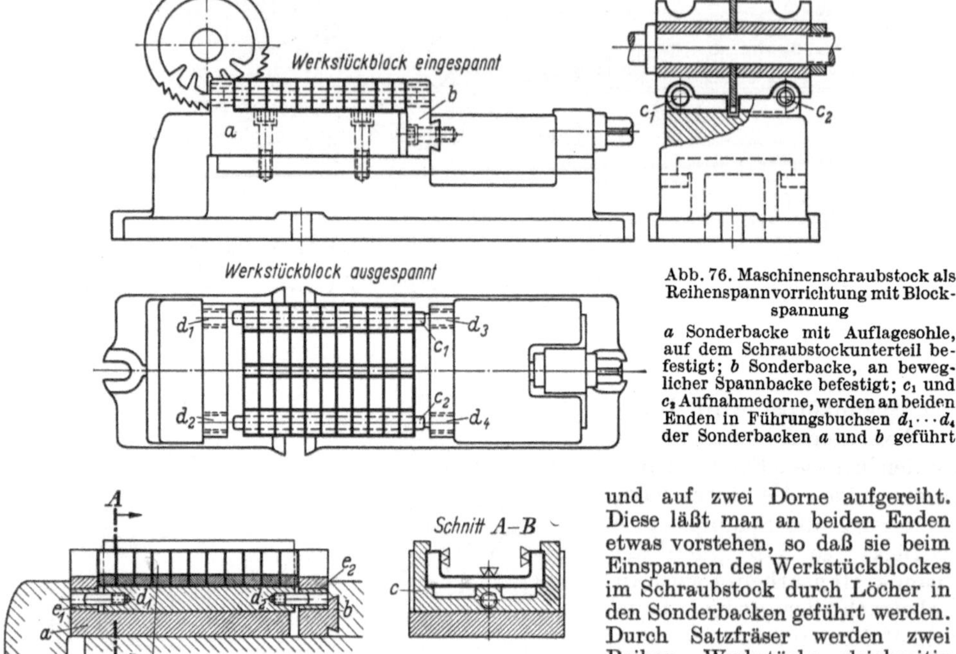

Abb. 76. Maschinenschraubstock als Reihenspannvorrichtung mit Blockspannung

a Sonderbacke mit Auflagesohle, auf dem Schraubstockunterteil befestigt; *b* Sonderbacke, an beweglicher Spannbacke befestigt; c_1 und c_2 Aufnahmedorne, werden an beiden Enden in Führungsbuchsen $d_1 \cdots d_4$ der Sonderbacken *a* und *b* geführt

und auf zwei Dorne aufgereiht. Diese läßt man an beiden Enden etwas vorstehen, so daß sie beim Einspannen des Werkstückblockes im Schraubstock durch Löcher in den Sonderbacken geführt werden. Durch Satzfräser werden zwei Reihen Werkstücke gleichzeitig fertiggefräst und voneinander getrennt.

Müssen für andere Werkstücke richtige Ladekäfige angefertigt werden, so kann man diese entweder an den Stirnflächen in Sonderbacken einlassen und dadurch bestimmen, oder auch wie in Abb. 77 mit Paßbolzen versehen, die wie im vorigen Beispiel in den Backen geführt werden. Dieses Verfahren ist einfach und gut und erspart bisweilen sogar die Sonderbacken, indem die Führungslöcher in die gewöhnlichen Spannbacken eingebohrt werden.

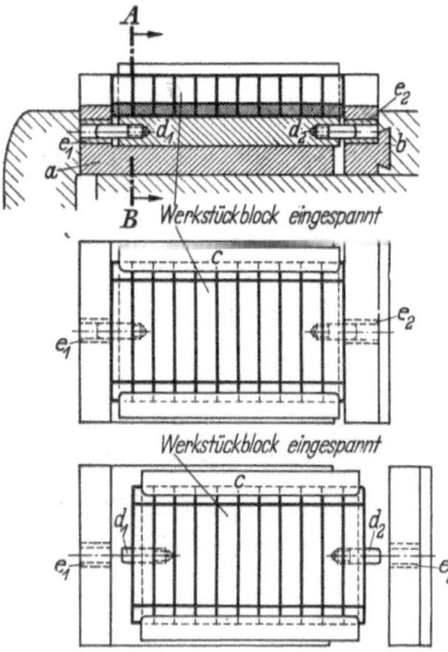

Abb. 77. Spannen mit Ladekäfig im Maschinenschraubstock

a Sonderbacke mit Auflagesohle, auf dem Schraubstockunterteil befestigt; *b* Sonderbacke, an beweglicher Spannbacke des Schraubstockes befestigt; *c* Ladekäfig; d_1 und d_2 Führungsbolzen sitzen fest in *c* und werden mit Schiebesitz in Führungsbuchsen e_1 und e_2 der Sonderbacken *a* und *b* geführt

III. Bohrspannvorrichtungen

A. Allgemeine konstruktive Grundsätze

28. Vorteile der Bohrspannvorrichtungen. Durch den Gebrauch richtig konstruierter Bohrspannvorrichtungen wird zunächst das Anreißen und Ankörnen, das probeweise Anbohren und Nachkörnen erspart und das Aufspannen beschleunigt. Die größten Vorteile ergeben sich jedoch für den Austauschbau; denn es wird ermöglicht, auf billigste Weise an einer beliebigen Anzahl von Werkstücken genau übereinstimmende Löcher zu bohren. Dadurch werden in der Regel größere Zeitersparnisse erzielt als mit den reinen Spannvorrichtungen, und darum machen sie sich auch schon bei verhältnismäßig geringer Stückzahl bezahlt.

29. Wirkungsweise der Bohrspannvorrichtungen. Das Werkstück soll in eine bestimmte Lage zum Werkzeug und zur Maschine gebracht werden, damit Löcher in bestimmten Abständen und in der vorgeschriebenen Richtung gebohrt werden können.

Die Bohrspannvorrichtungen werden im Gegensatz zu den reinen Spannvorrichtungen meistens lose auf den Bohrmaschinentisch gestellt, damit sie schnell in die verschiedenen Arbeitsstellungen geschoben werden können, in denen das Bohrwerkzeug mit der Führung genau fluchten muß. Jedoch gibt es auch sehr viele Ausnahmen, die durch Werkstück, Maschine und Größe der Vorrichtung bestimmt sind. So beispielsweise, wenn nur jeweils ein Loch in das Werkstück zu bohren ist oder bei schweren, nicht mehr zu hantierenden Vorrichtungen eine Radialbohrmaschine benutzt wird, deren Bohrspindel sich mühelos auf jedes Loch des Werkstückes ausrichten läßt.

B. Bemerkenswertes einzelner Unterarten

30. Bohrschablonen sind nur dann zweckmäßig und wirtschaftlich, wenn sie schnell in der richtigen Lage auf dem Werkstück befestigt werden können, ohne daß dabei Meßgeräte irgendwelcher Art verwendet werden. Sie werden hauptsächlich im Großmaschinen- und im Kesselbau und in den blechverarbeitenden Betrieben angewendet.

a) Formbohrschablonen werden in der Regel entweder ganz oder teilweise den Umrissen des zu bohrenden Werkstückes nachgebildet, damit sie dadurch auf dem Werkstück bestimmt werden können. Sie erfüllen ihren Zweck besonders gut, wenn man Blechplatten mit zahlreichen Löchern damit bohrt und dabei mehrere Platten übereinander spannt (Abb. 78). Formbohrschablonen werden aber häufig an ganz verkehrter Stelle angewendet. Ein Beispiel dafür ist Abb. 79. Das Ausrichten und Festspannen des Werkstückes und der Bohrschablone dauert zu lange und erfordert hier etwa dieselbe Zeit wie das Bohren selbst. Außerdem können durch schiefe Auflage, die bei der geringen Breite des Werkstückes sehr wohl möglich ist, die Bohrbuchsen und Bohrer beschädigt werden. Auch kann die Bohrschablone, wenn sie nicht sehr fest gespannt wird, sehr leicht beim Bohren verrutschen.

b) Ring- oder Zentrierschablonen verwendet man hauptsächlich zum Bohren von Flanschen. In dem Beispiel Abb. 80 ist ihre Anwendung

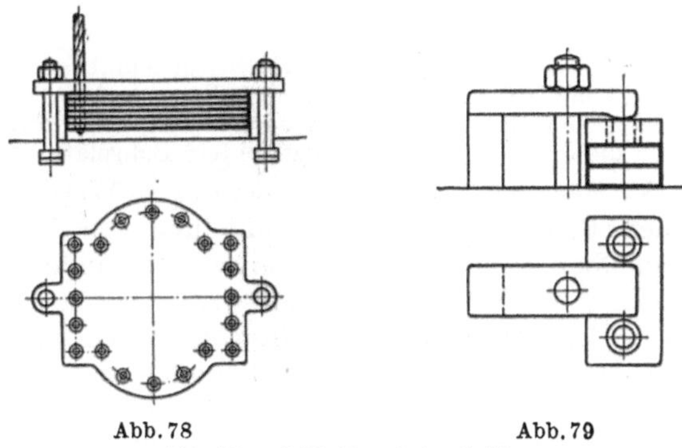

Abb. 78　　　　　　　　　　Abb. 79
Abb. 78 und 79. Formbohrschablonen

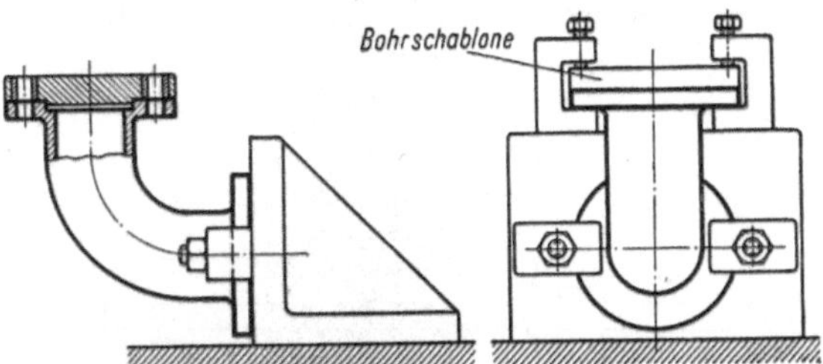

Abb. 80. Ringbohrschablone, falsch angewendet

unwirtschaftlich und nur zu verantworten, wenn bei geringen Stückzahlen die Forderung auf Austauschbarkeit besteht; denn hier wird das Werkstück mit der Wasserwaage oder anderen Hilfsmitteln auf dem Maschinentisch ausgerichtet und durch besondere Mittel festgespannt und dann erst die Bohrschablone auf dem Werkstück befestigt. Die Nebenzeiten sind hierbei im Verhältnis zur Bohrzeit viel zu groß. Mit diesen Bohrschablonen kann nur wirtschaftlich gearbeitet werden, wenn sie ohne weiteres, wie in dem Beispiel Abb. 81, schnell auf dem Werkstück befestigt werden können.

31. Standbohrspannvorrichtungen haben den besonderen Vorteil, daß sie auf dem Maschinentisch sachgemäß befestigt werden können, wodurch Fehler in der Bedienung, wie sie bei beweglichen Vorrichtungen möglich sind, vermieden werden. Auch ist die Bedienung einfach und leicht, denn es ist immer nur das Werkstück allein zu handhaben. Abb. 82 zeigt das Anordnungsschema für Standbohrspannvorrichtungen.

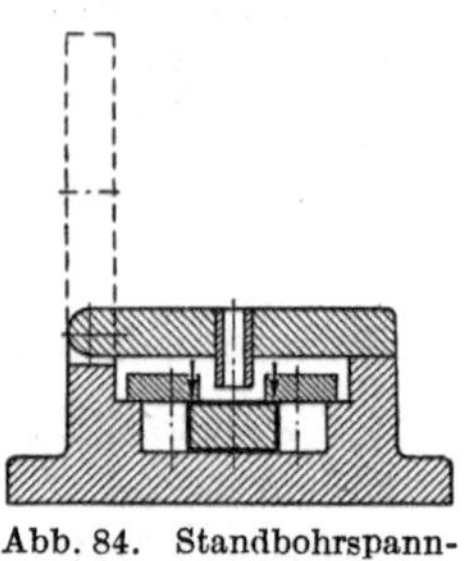

Der Vorrichtungskörper kann beliebig schwer sein, muß aber auf dem Maschinentisch festgespannt werden können.

a) Standbohrspannvorrichtungen mit fester, die Spannkraft aufnehmender Bohrplatte. Es gilt als Regel, nicht gegen die Bearbeitungskraft zu spannen. Diese Regel ist jedoch anfechtbar (s. Heft 42). Bei diesen Vorrichtungen hier wird auch davon abgewichen, da die Konstruktionsverhältnisse besonders bei Anwendung von Druckluft auf eine gegensätzliche Anordnung hinweisen. Im Abschn. III C werden bestbewährte Konstruktionsbeispiele dieser Art gezeigt. In Abb. 83 ist eine Anordnung schematisch wiedergegeben.

b) Standbohrspannvorrichtungen mit beweglicher Bohrplatte. In dem Bestreben, das Werkstück in Richtung der Bearbeitungskraft auf eine feste Unterlage zu spannen, werden recht häufig Vorrichtungen nach dem Schema Abb. 84 entworfen, die aber weniger einfach in Konstruktion und Bedienung sind als die vorigen. Sie dürften daher nur dann am Platze sein, wenn durch die zum Fortklappen eingerichtete Bohrplatte Wechselbuchsen erspart werden können.

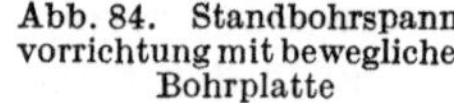

Abb. 81. Zentrierbohrschablone

Abb. 82 und 83 Standbohrspannvorrichtungen, schematisch

Abb. 84. Standbohrspannvorrichtung mit beweglicher Bohrplatte

32. Mehrfachbohrspannvorrichtungen. Werden in der Massenfertigung die eigentlichen Bohrzeiten durch Verwendung von Mehrspindelköpfen und erstklassigen Schnellbohrern auf das äußerste herabgemindert, so tritt ein ungünstiges Verhältnis von Bohr- zu Nebenzeiten ein, selbst wenn diese durch raffinierteste Spannarten auf das denkbar geringste Maß gebracht worden sind. Eine Verkürzung der Nebenzeiten ist dann nur noch dadurch möglich, daß man sie in die Bohrzeit verlegt, was durch Mehrfachbohrspannvorrichtungen erreicht werden kann. In der Regel ordnet man zwei gleiche Vorrichtungen, die einzeln konstruktiv den Standbohrspannvorrichtungen entsprechen, nebeneinander als ein Ganzes auf einer besonderen Unterlage an. Auf dieser werden sie entweder geradlinig verschoben oder um 180° um eine

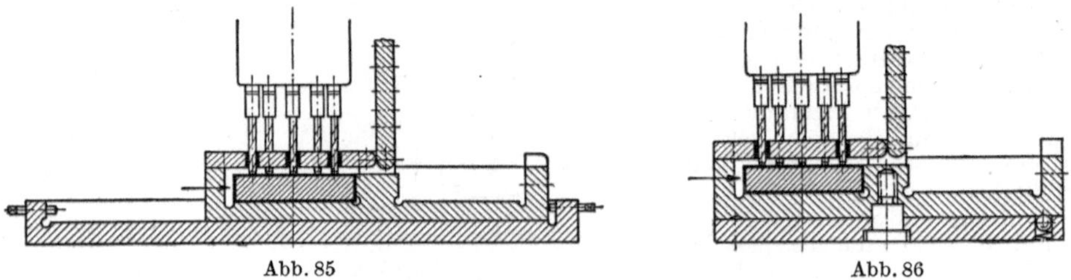

Abb. 85   Abb. 86

Abb. 85 und 86. Mehrfachbohrspannvorrichtungen, schematisch

gemeinsame Achse geschwenkt und dadurch abwechselnd in Arbeitsstellung gebracht. Die eigentliche Aufspannzeit fällt in die Bohrzeit und als Nebenzeit bleibt nur die natürlich erheblich geringere Zeit zum Umschalten der Vorrichtung.

Abb. 85 zeigt das Schema einer Vorrichtung, die geradlinig verschoben und abwechselnd bedient wird. Es genügen einfache Schraubenanschläge für die jeweiligen

Arbeitsstellungen. Dieselbe Vorrichtung zum Schwenken um 180° ist in Abb. 86 schematisch wiedergegeben. Ein einfacher Kugelfeststeller genügt zum Festlegen in den Arbeitsstellungen.

33. Kippbohrspannvorrichtungen. Abb. 87 zeigt die charakteristische Kastenform dieser Vorrichtungen, mit den Füßen als Auflageflächen. Da die Kippvorrichtungen fortgesetzt während des Betriebes gekippt werden müssen, ist im Gegensatz zu den Standvorrichtungen das Gewicht zu beachten: die Vorrichtung, zusammen mit dem eingespannten Werkstück, muß sich noch ohne besondere körperliche Anstrengung handhaben lassen. In den Grenzfällen ist natürlich nur dünnwandiger Stahl, gut verrippter Stahlguß oder Leichtmetall für das Gehäuse zu verwenden. Das Gewicht muß auch in einem vernünftigen Verhältnis zu den eigentlichen Bohrzeiten stehen: Sind z. B. mit einer schweren Vorrichtung nur wenige kurze Löcher, jedoch von verschiedenen Seiten zu bohren, so kann dem Arbeiter keineswegs zugemutet werden, etwa alle 1···2 min diese Last herumzukanten. Sind dagegen Arbeiten von längerer Dauer auszuführen, so macht es wenig aus, wenn die Vorrichtung etwa alle 15 min zu bewegen ist. Ge-

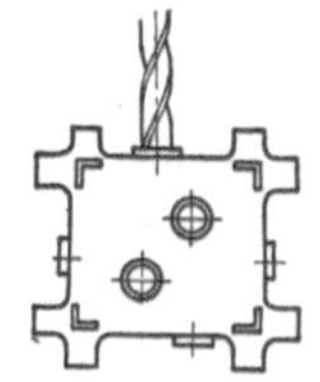

Abb. 87
Kippbohrspann-
vorrichtung

gebenenfalls sind für die Kippbohrspannvorrichtungen *Schwenkböcke* (s. Abschn. 39) anzuwenden.

34. Schwenkbare Bohrspannvorrichtungen. Ergeben sich durch Größe, Gewicht oder sperrige Form der Werkstücke zum Kippen zu schwere und unhandliche Vorrichtungen und lassen sich die üblichen Schwenkböcke nicht verwenden, so ordnet man sie schwenkbar an. Sie werden zu diesem Zweck an Drehzapfen so gelagert, daß sich die zu bohrenden Löcher durch leichte Schwenkbewegung unter die Bohrwerkzeuge bringen lassen. Meistens werden diese Vorrichtungen mit *einer* Schwenkachse ausgeführt. In geeigneten Fällen kann dabei die Werkzeugführung wie in der schematischen Darstellung Abb. 88 am festen Ständer angeordnet werden. Sonst kommt die Ausführung nach dem Schema Abb. 89 in Frage. Die Ausführung mit *zwei* sich kreuzenden Achsen

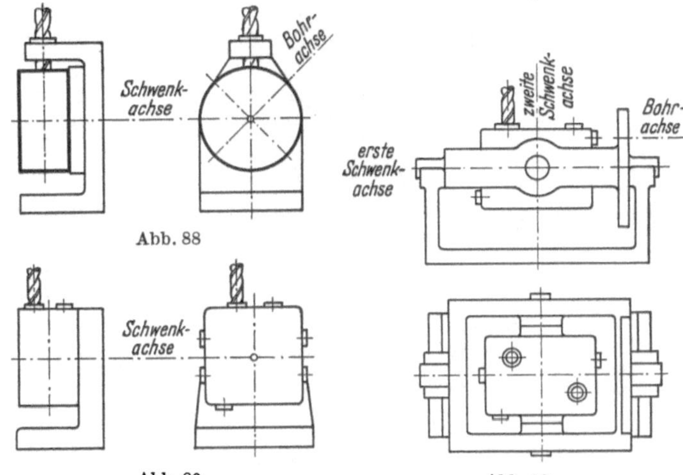

Abb. 88···90. Schwenkbare Bohrspannvorrichtungen

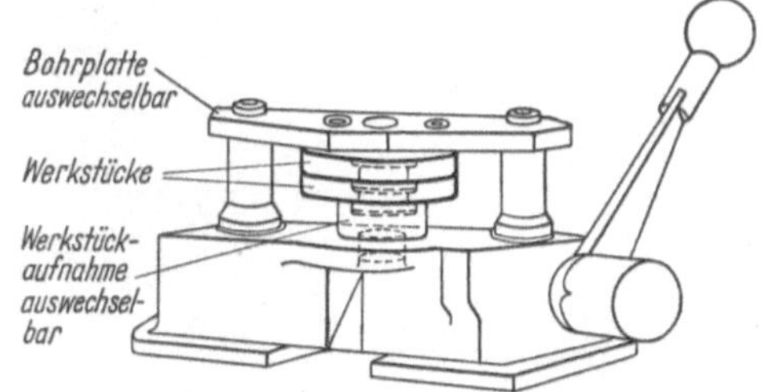

Abb. 91. Vielzweck-Bohrspannvorrichtung

nach dem Schema Abb. 90 wird man nur in sehr seltenen Fällen zu erwägen haben, und dann wird man noch oft wegen kaum überwindlicher konstruktiver Schwierigkeiten es vorziehen, den Arbeitsgang zu unterteilen.

35. Vielzweck-Bohrspannvorrichtungen führen sich in der zeitgemäßen Ausführung als Schnellspanner mit der praktischen Ein-Griff-Spannung wegen ihrer einfachen Handhabung und vor allem aber wegen ihrer Anwendbarkeit für jeweils eine Reihe unterschiedlicher Werkstücke immer mehr und mehr ein. Sie werden meistens als Standbohrspannvorrichtung, aber auch als Mehrfachbohrspannvorrichtung ausgeführt, unterscheiden sich von diesen aber im wesentlichen durch die Auswechselbarkeit der Elemente für die Werkstückaufnahme und Werkzeugführung. Abb. 91 zeigt schematisch eine typische Ausführung.

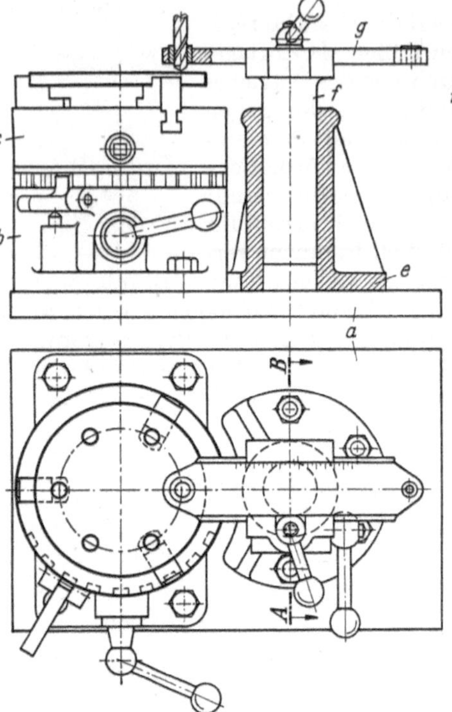

Abb. 92. Bohrspannvorrichtung für Flanschen, schwenkbar

a Grundplatte; *b* Teilapparat; *c* Dreibackenfutter; *e* Führungsbock, trägt achsrecht verstellbar den Bohrplattenhalter *f*; *g* Bohrbuchsenplatte in *f* verstellbar und durch *h* und *i* feststellbar

C. Beispiele allgemeiner Bohrspannvorrichtungen

36. Standbohrspannvorrichtungen. a) In Verbindung mit Gemeinvorrichtungen. Abb. 92 zeigt eine Bohrspannvorrichtung, für die ein mittendes Dreibackenfutter und ein Teilapparat (Arbeitsvorrichtung) als Gemeinvorrichtungen verwendet werden. Sie dient zum Bohren von gleichmäßig im Kreise angeordneten Löchern in Rundkörpern, hauptsächlich Flanschen. Der Lochkreis kann verschieden sein, denn er ist an der Vorrichtung durch Millimeterskala einstellbar.

Durch Versetzen des Führungsbockes auf der Grundplatte, die aus diesem Grunde länger gehalten ist, kann der Wirkungsbereich der Vorrichtung auch nach Bedarf vergrößert werden. Diese Vorrichtung ist besonders vorteilhaft für Betriebe mit Einzelfertigung oder wechselnder Fertigung, wenn sich also die Anschaffung von Ring- oder Zentrierschablonen für Flanschen nicht lohnt.

In Abb. 93 ist ein Maschinenschraubstock (Gemeinvorrichtung) als Bohrspannvorrichtung ausgebildet. Das Werkstück wird durch zwei Sonderbacken aufgenommen: durch Backe *a* bestimmt und durch Backe *b* halbgemittet.

Die Halbmittung in bezug auf die Quermittelebene hat zur Folge, daß kleine Schönheitsfehler mit in Kauf genommen werden müssen. Sind solche keinesfalls zulässig, so muß durch zwei gleichmäßig gegeneinander wirkende Prismen gemittet werden.

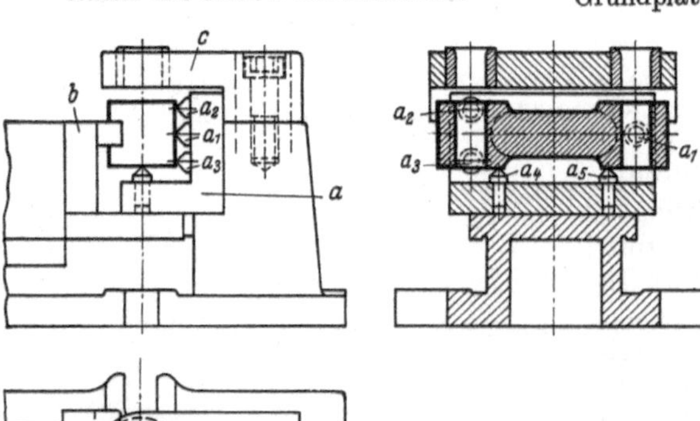

Abb. 93.   Maschinenschraubstock   als   Bohrspannvorrichtung

a werkstückbestimmender Backeneinsatz mit drei Kammstützen $a_1 \cdots a_3$ (Dreipunktauflage) und zwei Kuppenstützen a_4 und a_5 (Zweipunktauflage); *b* werkstückmittender Backeneinsatz der beweglichen Spannbacke; *c* Bohrplatte

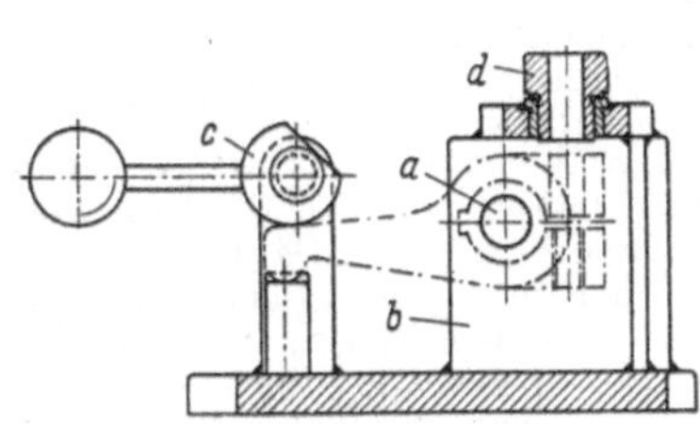

Abb. 94. Standbohrspannvorrichtung für Hebel
a Zentrierzapfen im Vorrichtungskörper *b*; *c* Spannexzenter; *d* Steckbuchse

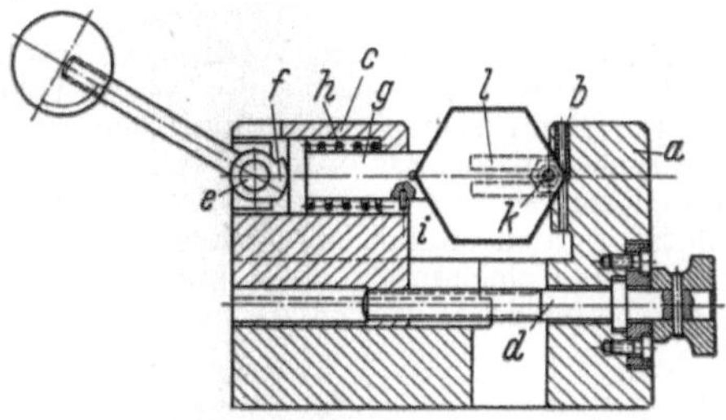

Abb. 95. Standbohrspannvorrichtung für Überwurfmuttern

Vorrichtungskörper *a* trägt feste Bohrbuchse *b*;
c Spannbacke, darin gleitend, durch Gewindespindel *d*
auf jeweilige Muttergröße so einstellbar, daß Hub des
durch Bolzen *e* an *c* angelenkten Spannexzenters *f*
ausreicht, um Mutter durch Zapfen *g* festzuspannen;
Druckfeder *h* bewirkt Abheben des Zapfens nach dem
Entspannen; Stift *i* verhindert Verdrehung von *g*;
Stellschraube *k* mit Gegenmutter für die verschiedenen
Muttergrößen auf Gabel *l* verschiebbar angeordnet,
wird jeweils als Anschlag eingestellt, so daß gebohrte
Sicherungslöcher immer auf halber Mutterhöhe liegen

**b) Standbohrspannvorrichtung für
Hebel.** Abb. 94 ist ein Beispiel einfacher
Exzenterspannung zum Bohren des Klemm-
schraubenloches in einen Hebel. Der Hebel
wird mit der Nabenbohrung an einem Zapfen *a*
des geschweißten Vorrichtungskörpers *b* aufgenommen, an seinem Daumen unterstützt und
mit dem Druckexzenter *c* festgespannt. Es sind
Steckbohrbuchsen *d* vorgesehen, weil das zu
bohrende Loch abgesetzt ist und Gewinde ge-
schnitten werden muß. Die Steckbuchsen
werden in einer fest in der Vorrichtung sitzenden ebenfalls gehärteten Grundbuchse aufgenommen.

**c) Die Standbohrspannvorrichtung
für Überwurfmuttern** Abb. 95 dient zum
Bohren von Sicherungsdrahtlöchern in Überwurfmuttern und ist zum Bohren aller vorkommenden Größen eingerichtet. Sie ist in
ihrer Art beispielhaft für die Entwicklung des
neuzeitlichen Vorrichtungsbaues, die nicht nur
eine schnelle und sichere Bedienbarkeit bei
möglichst einfacher Ausführung, sondern auch
vielfältige Verwendbarkeit anstrebt. Die Abbildung zeigt die Vorrichtung eingestellt für die
größte vorkommende Mutter; die kleinste ist
strichpunktiert angedeutet.

**d) Die Preßluftstandbohrspannvor-
richtung zum paketweisen Bohren runder Scheiben** Abb. 96 ist für Pufferteller bestimmt und in der Grundform auch für ähnliche Teile gut geeignet, sofern sie zu Paketen
übereinandergelegt werden können. Die Vorrichtung ist sehr einfach und schnell zu bedienen, denn die Bohrplatte *f* kann im entspannten Zustande ohne weiteres um die Säule *c*
weggeschwenkt werden, so daß der Aufnahmekörper *k* freigelegt wird und von oben beschickt
werden kann. Da die Führungsbuchse *e* etwas
Spiel hat, ebenfalls der Riegelschlitz der Bohrplatte *f* auf der Säule *b*, wird die Bohrplatte
durch die Spannkraft etwas angehoben, auf
den Kegel b_1 gedrückt und dadurch in der
richtigen Lage festgelegt. Nach dem Entspannen wird die Platte wieder zum Wegschwenken
freigegeben. Besonders eigenartig ist das Mitten
durch die drei Stößel l_1, l_2, l_3. Im entspannten
Zustande wird der Aufnahmekörper *k* durch
die **Druckfeder** *q*, die so stark bemessen sein

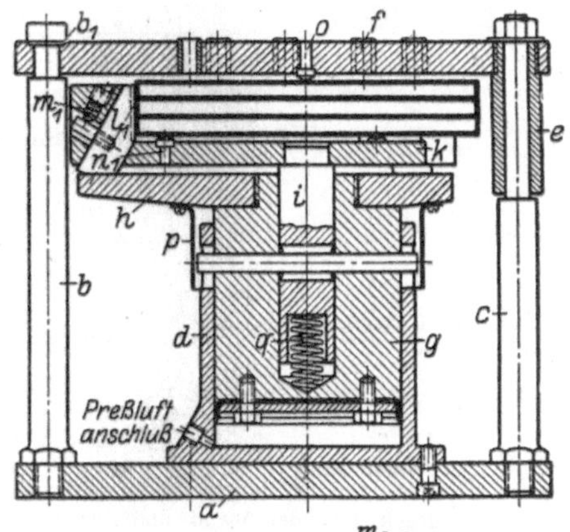

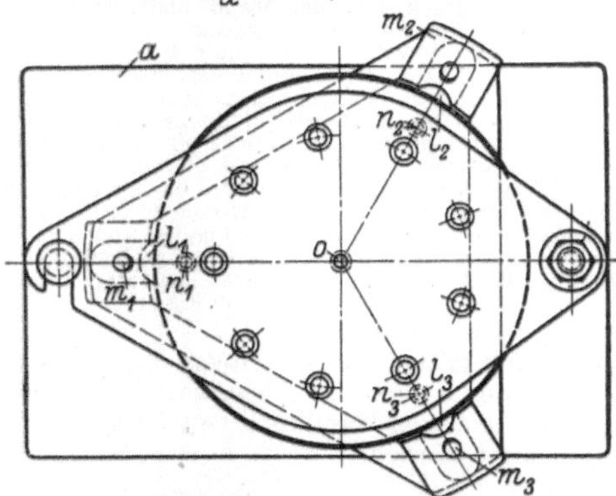

Abb. 96. Preßluft-Bohrspannvorrichtung zum paketweisen Bohren runder Scheiben

a Grundplatte, trägt fest die Säulen *b* und *c* und den
Preßluftzylinder *d*; *e* Führungsbuchse, in Bohrplatte *f*
befestigt und um *c* drehbar; *g* Kolben, trägt fest die
dreieckige Spannplatte *h* und achsrecht beweglich den
Federstößel *i* mit dem Aufnahmekörper *k*; $l_1 \cdots l_3$ Ausmittstößel, werden durch die Druckfedern $m_1 \cdots m_3$
schräg abwärts gedrückt; $n_1 \cdots n_3$ Kuppenstützen
(Dreipunktauflage); *o* Kuppenstütze (Einpunktauflage); *p* Schutzring; *q* Druckfeder

muß, daß sie auch die drei Werkstücke trägt, nach oben gedrückt. Dadurch können auch die Stößel zurücktreten, damit die Werkstücke unter genügendem Spiel hineingelegt werden können. Beim Festspannen durch den Preßluftkolben werden zunächst alle Teile so weit emporgehoben, bis das oberste Werkstück an der Kuppenstütze o Widerstand findet. Sodann werden zuerst nur die Stößel allein vorgedrückt und die Werkstücke mittig festgespannt. Zuletzt werden endlich alle Teile, also Kolben, Aufnahmekörper mit den Stößeln und die Werkstücke gleichmäßig nach oben gegen die Kuppenstütze o gedrückt. Da die Werkstücke unbearbeitet sind, werden sie natürlich nicht alle drei gleichmäßig genau gemittet werden.

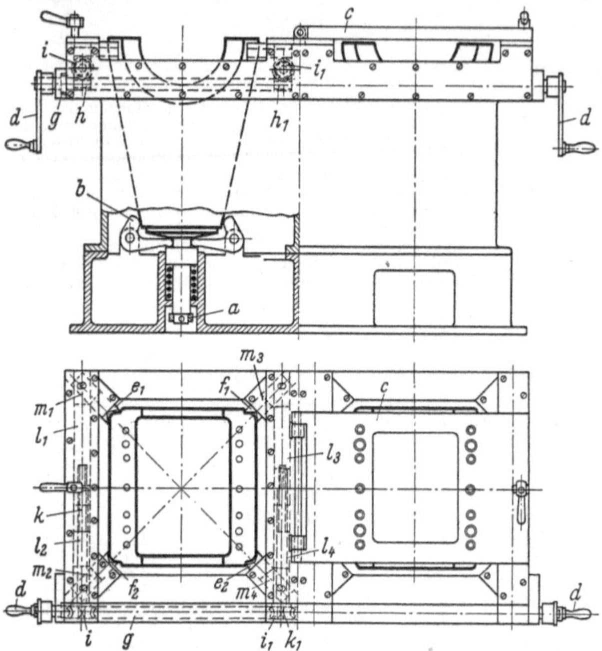

Abb. 97. Doppelbohrspannvorrichtung mit teilweiser selbsttätiger Mittenspannung

a unter Federdruck stehender Spann- und Ausmittstößel; b drei am Umfange gleichmäßig verteilte Spann- und Ausmitthebel; c Bohrführungsplatte, abwechselnd, wie dargestellt, oder nach links herübergeklappt zu verwenden; g durch Spannkurbel d zu betätigende Schneckenwelle mit den Schnecken h und h_1; i und i_1 Schneckenräder, sitzen auf den mit Rechts- und Linksgewinde versehenen Spindeln k und k_1; Zugstangen l_1 und l_2 bzw. l_3 und l_4 werden durch k bzw. k_1 beim Festspannen des Werkstückes gleichmäßig gegeneinander und beim Losspannen voneinander bewegt; $m_1 \cdots m_4$ Spannkloben, werden durch die Zugstangen $l_1 \cdots l_4$ in Diagonalrichtung gegen- oder voneinander bewegt; e_1 und e_2 in m_1 und m_4 fest und f_1 und f_2 in m_3 und m_2 etwas beweglich angeordnete prismatische Druckstücke, umklammern das Werkstück am oberen Ende an den vier Ecken und spannen es mittig fest

Diese Fehler sind aber völlig belanglos. Zu beachten ist auch noch die Punktauflage: Um eine Verzerrung der Bohrplatte und der ganzen Vorrichtung zu verhüten, ist oben nur ein fester Stützpunkt in der Mitte angeordnet worden; denn es ist sehr unwahrscheinlich, daß bei den rohen Werkstücken die unterste und oberste Fläche genau parallel zueinander liegen. Die Bohrplatte muß aber sehr stark bemessen werden, damit sie durch die angreifende Spannkraft im Mittelpunkt nicht meßbar durchfedern und die Richtung der Bohrbuchsen beeinflussen kann.

e) Die Doppelstandbohrspannvorrichtung Abb. 97 ist in zweifacher Hinsicht besonders beachtenswert, denn sie dient nicht nur zum Bohren und Senken der Schrauben- und Paßstiftlöcher im unteren Befestigungsflansch, sondern auch zum Hobeln der Flächen vor dem Bohren. Aus diesem Grunde ist sie als Doppelvorrichtung ausgebildet, so daß, wenn sie im Bereich einer Hobel- und einer Bohrmaschine steht, das Werkstück abwechselnd gehobelt oder gebohrt werden kann (s. Heft 42, 5. Aufl., Abschn. 36). Die in der Mitte zwischen beiden Vorrichtungseinheiten angelenkte Bohrerführungsplatte c wird zu dem Zweck entweder nach links oder nach rechts herübergeschwenkt. Das Werkstück, ein Motorgestell, wird an seinem unteren Ende durch eine Hebelanordnung mittig und selbsttätig durch das Eigengewicht festgespannt. Das obere Ende wird an den vier Ecken von prismatischen Spannkloben umfaßt, die durch eine Anzahl Zwischenglieder mittels der Handkurbel d mittig und richtungbestimmend (s. Heft 33, 8. Aufl., Abb. 186) zugespannt werden.

37. Kippbohrspannvorrichtungen werden am häufigsten angewandt, weil sie für solche Werkstücke, die von mehreren Seiten gebohrt werden müssen, erhebliche Vorteile bieten. Sie sind in Hinsicht auf die wirtschaftliche Fertigung größerer Stückzahlen konstruiert; denn gegenüber der auch noch vielfach üblichen Verwendung von Einzelbohrschablonen mit dem für solche Werkstücke erforderlichen mehrfachen Umspannen ergibt sich bei der Verwendung solcher Vorrichtungen nur ein einziges Spannen unter Einsparung des sonst notwendigen Anzeichnens der Mittelrisse. Ein weiterer Vorteil ist die bessere Austauschbarkeit der Werkstücke, da bei der Verwendung von Einzelbohrschablonen immerhin noch geringe unterschiedliche Versetzungen zu den Mittelrissen erfolgen können. Bei größeren Werkstücken ist aber die ermüdende Hantierung mit den schweren Kippbohrvorrichtungen ein wesentlicher Nachteil. Die verständliche Forderung nach Entlastung der Arbeiter von schweren körperlichen Anstrengungen führte zu anderen Lösungen. Entweder trat die Schwenkbohrspannvorrichtung mehr und mehr an die Stelle der Kippbohrspannvorrichtung, oder aber es wurde die entsprechend abgeänderte Kippbohrspannvorrichtung in Verbindung mit dem neuzeitlichen Schwenkbock verwandt und so ebenfalls zur Schwenkbohrspannvorrichtung (s. Abschn. 39 u. Heft 42, 5. Aufl., Abschn. 48). Daher trifft man heute in neuzeitlich eingerichteten Betrieben nur noch leicht zu handhabende Kippbohrspannvorrichtungen für kleinere Werkstücke an, die tatsächlich auch als solche gebraucht werden, während die Bohrspannvorrichtungen für schwerere Werkstücke zwar auch als Kippbohrspannvorrichtungen konstruiert, aber für die Aufnahme an Schwenkböcken eingerichtet sind.

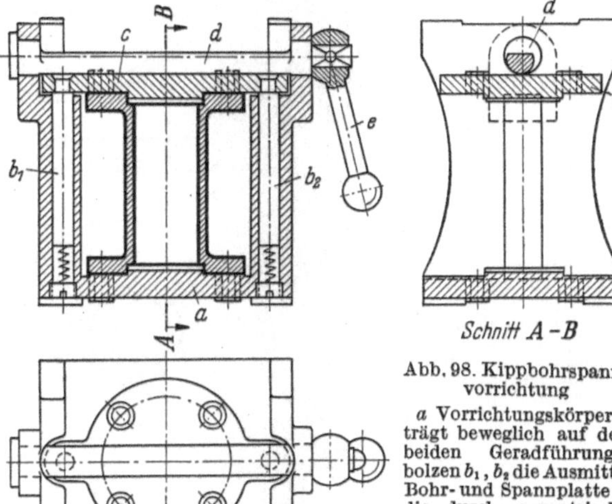

Abb. 98. Kippbohrspannvorrichtung

a Vorrichtungskörper, trägt beweglich auf den beiden Geradführungsbolzen b_1, b_2 die Ausmitt-, Bohr- und Spannplatte *c*, die durch exzentrische Welle *d* mit Handgriff *e* bewegt wird

a) Die Kippbohrvorrichtung zum Bohren von Rohrstutzen mit Zentriereindrehungen Abb. 98 besteht hauptsächlich aus zwei beweglich zu einem Rahmen miteinander verbundenen mittenden Bohrlehren, von denen eine durch die exzentrische Welle *d* bewegt und zugespannt werden kann. Zu beachten ist die lange Geradführung durch zwei Bolzen, ohne die ein gutes Arbeiten nicht möglich wäre. Zur Freigabe des Werkstückes ist die Welle *d* an einer Seite abgeflacht.

b) Die Kippbohrvorrichtung für Krümmer Abb. 99 ist in der Wirkungsweise etwas ungewöhnlich und daher nicht ohne weiteres verständlich. Während sonst alle Werkzeugführungen der Bohrspannvorrichtungen in bestimmten Abständen voneinander oder von Bezugskanten stehen, trifft das bei dieser Konstruktion teilweise nicht zu; denn die Abstände x und x_1 für die Bohrbuchsen sind an der Vorrichtung veränderlich, und zwar aus folgenden Gründen: Da es für die Austauschfähigkeit nicht erforderlich ist, werden die Maße x und x_1 beim Bearbeiten der Flanschen an dem Werkstück nicht genau nach Passung eingehalten; trotzdem müssen aber die Löcher genau zu den Zentriereindrehungen und Längsachsen der ovalen Flansche gebohrt werden. Jeder Flansch muß daher für sich auf den Bohrführungsplatten gemittet werden. Das ist aber nicht möglich, wenn diese, wie üblich, fest miteinander verbunden sind. Bei Übermaßen würde das Werkstück gar nicht auf die mittenden Ansätze hinaufgehen oder auf diesen nur anschnäbeln, bei Untermaßen sich aber, wie in Abb. 100 übertrieben gezeigt, beliebig schief stellen können. In Abb. 99 sind darum die mittenden Lehren beweglich in Geradführungen angeordnet und werden durch Federn in den Pfeilrichtungen auseinandergedrückt. Beim Einspannen des Werkstückes – wobei dieses zunächst auf die Ansätze gesteckt wird – stellen sich die Lehren durch die Spannkraft selbsttätig auf die jeweiligen Maße x und x_1 des Werkstückes ein.

c) Kippbohrspannvorrichtung für Eckhahngehäuse (Abb. 101). Der Grundkörper dieser Vorrichtung ist in der heute allgemein üblichen Schweißkonstruktion ausgeführt; nur die Seitenplatten sind wegen der einfacheren Bearbeitung mit Inbusschrauben angesetzt. Obgleich es grundsätzlich falsch ist, eine mit Bohrführungen ausgestattete Platte zugleich zum Spannen zu benutzen, da sie sich unter der Spannkraft durchbiegt, kann es doch zweckdienlich sein, von dieser Regel eine Ausnahme zu machen. So kommt es beispielsweise in diesem und dem folgenden Beispiel nicht so sehr auf die absolut genaue Einhaltung der Lochkreise an, als vielmehr auf ein rasches Spannen der Werkstücke. Derartige Werkstücke, wie z. B. diese Armaturen, kommen im allgemeinen nur in größeren Stückzahlen vor und müssen billigst hergestellt werden. Die Genauigkeit spielt hierbei keine allzu große Rolle, weil die zu bohrenden Löcher an solchen Werkstücken durchweg so groß ausgeführt werden, daß auch bei den zu erwartenden

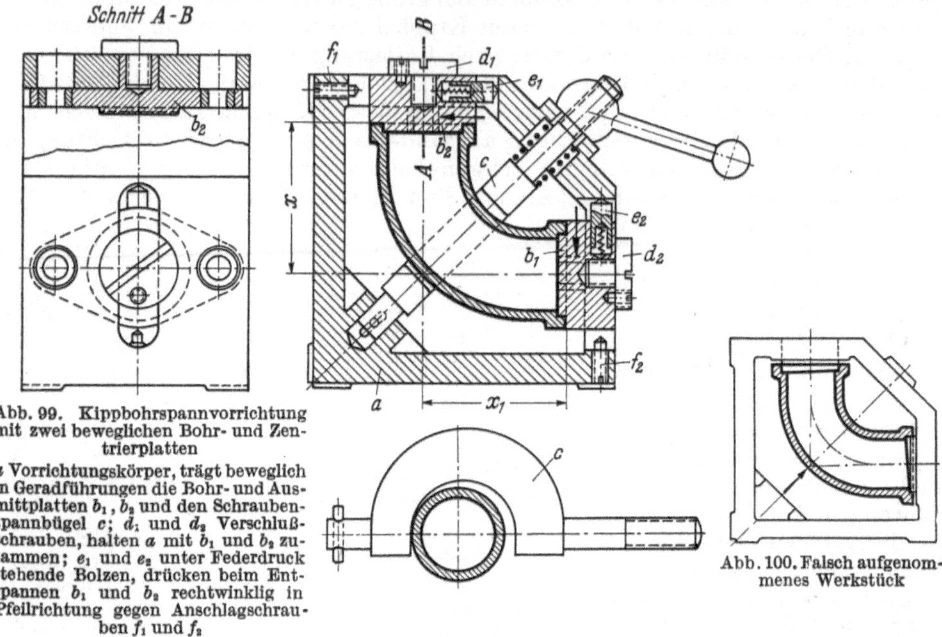

Abb. 99. Kippbohrspannvorrichtung mit zwei beweglichen Bohr- und Zentrierplatten

a Vorrichtungskörper, trägt beweglich in Geradführungen die Bohr- und Ausmittplatten b_1, b_2 und den Schraubenspannbügel c; d_1 und d_2 Verschlußschrauben, halten a mit b_1 und b_2 zusammen; e_1 und e_2 unter Federdruck stehende Bolzen, drücken beim Entspannen b_1 und b_2 rechtwinklig in Pfeilrichtung gegen Anschlagschrauben f_1 und f_2

Abb. 100. Falsch aufgenommenes Werkstück

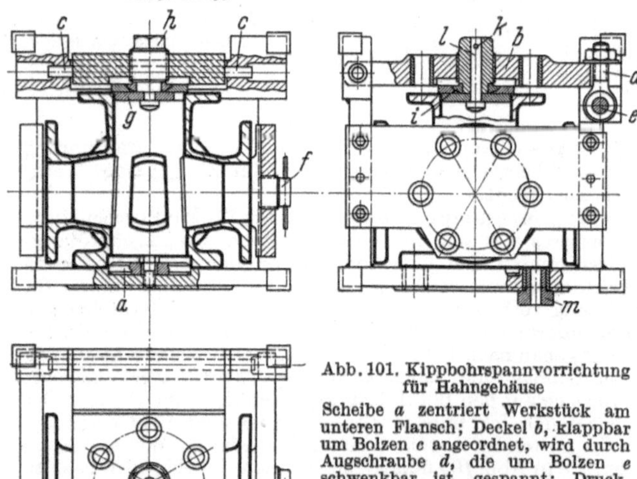

Abb. 101. Kippbohrspannvorrichtung für Hahngehäuse

Scheibe a zentriert Werkstück am unteren Flansch; Deckel b, klappbar um Bolzen c angeordnet, wird durch Augschraube d, die um Bolzen e schwenkbar ist, gespannt; Druckschraube f dient zum Ausrichten des Werkstückes, nachdem mit Scheibe g am oberen Flansch zentriert worden ist; Spannschraube h spannt mit kugelförmig angelenktem Teller i, der durch mit Stift k gesichertem Bolzen l gehalten wird, das Werkstück in der Vorrichtung fest; m Bohrbuchse

Abweichungen die Austauschbarkeit noch gewahrt bleibt. Es kommt also hierbei nur darauf an, durch möglichst starke Abmessungen der Vorrichtungen und durch ein gewisses Übermaß der Bohrführungen $(0{,}1 \cdots 0{,}2\,\text{mm})$ die Folgen der Durchbiegung möglichst gering zu halten. Außerdem ist es zweckmäßig, für solche Fälle Radial- oder Säulenbohrmaschinen zu benutzen, da diese entsprechend der durch die Durchbiegung veränderten Richtung der Bohrführungen nachgeben (s. H. 42, 5. Aufl., Abschn. 42).

d) Die Kippbohrspannvorrichtung für Eckventilgehäuse Abb. 102 hat nur eine mit Inbusschrauben angesetzte Seitenplatte; im übrigen handelt es sich ebenfalls um eine Schweißkonstruktion. Sonst gelten für sie die gleichen Bedingungen wie für das vorige Beispiel.

38. Mehrfachbohrspannvorrichtungen. Die Preßluft-Bohrspannvorrichtung mit schwenkbarem Aufnahmekörper Abb. 103 ist im Prinzip eine Mehrfachbohrvorrichtung, da ihre Schwenkbarkeit nur dazu dient, während der Bohrarbeit an einem

Werkstück zur Verkürzung der Nebenzeit schon ein zweites Werkstück in der Vorrichtung aufzunehmen und dieses nach Erledigung der Bohrarbeit am ersten Werkstück dann in Arbeitsstellung zu schwenken.

Die gezeigte Vorrichtung genügt den höchsten Anforderungen bei fortlaufender Massenfertigung. Der Aufnahmekörper wird hierbei in der senkrechten Ebene geschwenkt und abwechselnd von der linken und rechten Seite der Vorrichtung beschickt. Die Nebenzeiten betragen nur wenige Sekunden, denn es ist nur der Preßlufthahn und der Schwenkhebel zu bewegen. Besonders bemerkenswert ist noch die einfache Art der Aufnahme des Werkstückes. Dieses soll, wie aus der Anordnung der Führungsbuchsen hervorgeht, mit einer flachen Einsenkung und an den vier abgerundeten Ecken des Flansches mit Schraubenlöchern versehen werden. Es muß daher gemittet und auch richtungs- und entfernungsbestimmt werden. Das wird durch vier Knaggen mit prismatisch geneigten Flächen (s. Heft 33, 8. Aufl., Abb. 186) und durch Dreipunktauflage erreicht.

39. Schwenkbohrspannvorrichtungen. a) Schwenkbohrspannvorrichtungen werden auf Senkrecht- und Waagerechtbohrmaschinen benutzt. Abb. 104 zeigt eine typische zum Senkrechtbohren. Die Schwenkbarkeit hat hier den Zweck, das Werkstück zum Einarbeiten der zwar in einer Mittelebene liegenden, aber in verschiedene Richtungen laufenden Bohrungen jeweils in die richtige Lage zur Bohrmaschinenspindel einzuschwenken.

Das Werkstück, ein Druckluftverteiler, wird mit seiner bereits eingebohrten Mittelbohrung auf den Zapfen a gesetzt und mit seinen beiden Gewindezapfen in den Prismen b aufgenommen und so zentriert und bestimmt. Nach Einschieben der Steckscheibe c kann dann das Werkstück mit der Sechskantschraube d fest gegen die Schwenkplatte e ge-

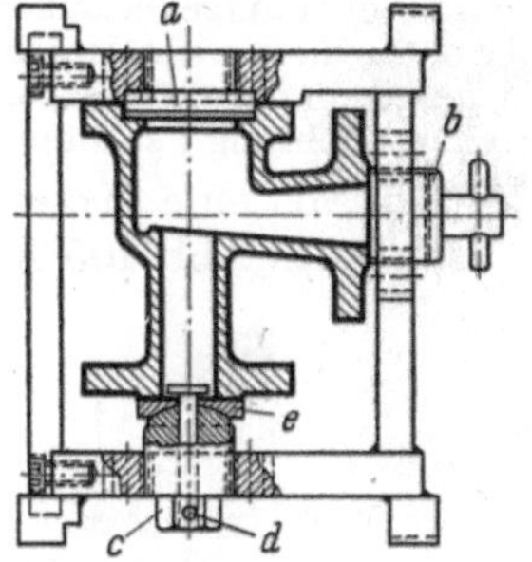

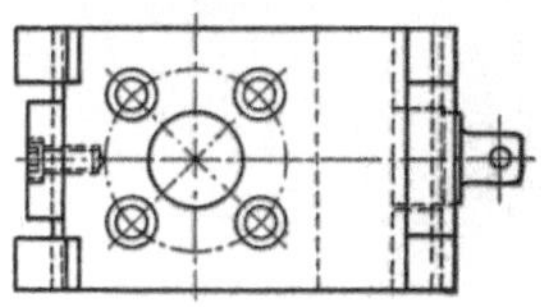

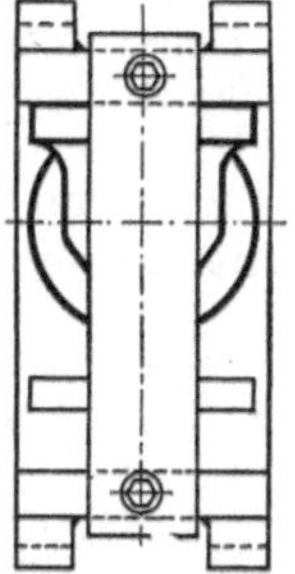

Abb. 102. Kippbohrspannvorrichtung für Eckventilgehäuse

Zentrierscheibe a dient zum Zentrieren des Werkstückes; mit Druckschraube b wird Lage seines Seitenflansches bestimmt; durch Spannschraube c, die zwecks Ausgleichs unparalleler und nicht winkelrechter Lage der Werkstückflansche mit der durch Stift d gesicherten Druckplatte e versehen ist, wird Werkstück in der Vorrichtung festgespannt

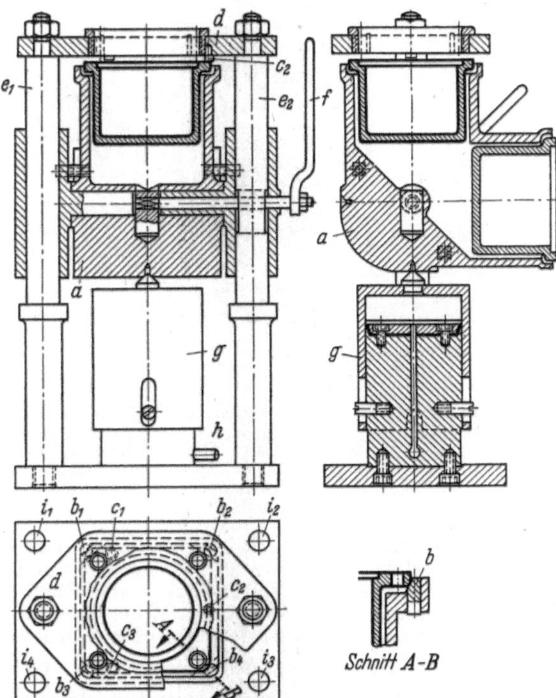

Abb. 103. Preßluft-Bohrspannvorrichtung mit schwenkbarem Aufnahmekörper

a schwenkbarer Aufnahmekörper für zwei Werkstücke; $b_1 \cdots b_4$ Ausmittknaggen; $c_1 \cdots c_3$ Kuppenstützen (Dreipunktauflage); d Bohrplatte; e_1, e_2 Geradführungssäulen, tragen auf zwei achsrecht beweglichen Führungsteilen den schwenkbaren Aufnahmekörper a; f Handgriff mit Vierkantschlüssel, dient zum Schwenken von a; g Preßluftzylinder, drückt a mit dem Werkstück nach oben gegen die Kuppenstützen $c_1 \cdots c_3$; h Preßluftanschlußrohr; $i_1 \cdots i_4$ Befestigungslöcher

zogen werden. Diese Platte ist mit dem aufgeschraubten Zapfen a im Spannbock f drehbar angeordnet. Um die Schwenkplatte für die jeweils erforderliche Stellung festzusetzen, läßt man den Sperrstift g mit dem Griff h jeweils in die entsprechend am Rande der Platte e vorgesehene und mit gehärteter Buchse versehene Bohrung i schnappen.

b) Die Schwenkböcke sind als eine bedeutende Bereicherung der neuzeitlichen Fertigungsmittel anzusehen. In Abb. 105 ist eine bewährte Ausführungsform dargestellt. Zwar sind sie wegen ihrer vielfachen Verwendungsmöglichkeit den Vielzweckvorrichtungen zuzuzählen, doch werden sie in der Regel zum Schwenken von Bohrvorrichtungen für schwere Werkstücke angewandt, die in einer Aufspannung von mehreren Seiten gebohrt werden können, wenn die Schwenkung um eine Achse genügt. Die Bohrvorrichtung wird hierzu jeweils an der Teilscheibe a des Schwenkbockes befestigt (s. Heft 42, 5. Aufl., Abb. 128).

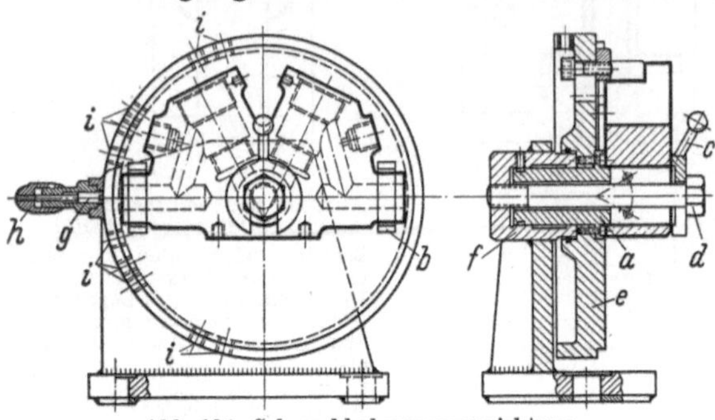

Abb. 104. Schwenkbohrspannvorrichtung

Ansatz des Zapfens a und die Prismen b bestimmen Werkstück; gespannt wird mit Steckscheibe c und Spannschraube d; Schwenkplatte e auf Spannbock f schwenkbar und durch Sperrstift g mit Griff h in Bohrung i in entsprechender Stellung feststellbar

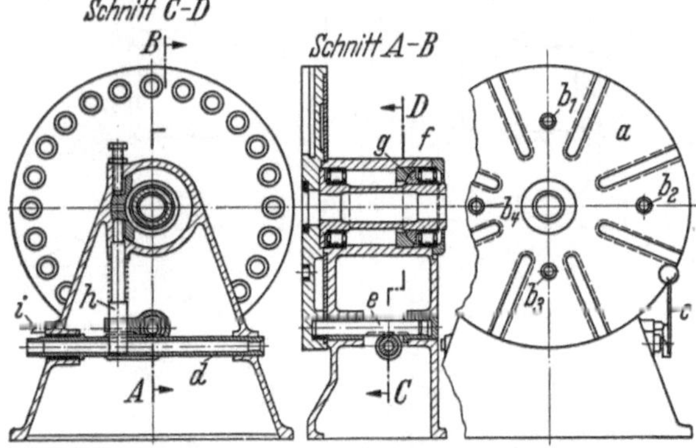

Abb. 105. Schwenkbock für Bohrspannvorrichtungen

a Schwenkplatte für Werkstückaufnahme; $b_1 \cdots b_4$ Löcher für Werkstückausrichtung; Handgriff c betätigt Ritzwelle d und diese die als Zahnstangen ausgebildeten Sperrzapfen e und Druckzapfen h; i Anschlag für den durch in d eingezogene Feder unter Spannung stehenden Handgriff c

Damit das Werkstück hierbei die vorbestimmte Stellung erhält, haben die Indexstiftlöcher $b_1 \cdots b_4$ ungleiche Mittenabstände. Durch den Hebel c wird über die unter Federspannung stehende Ritzelwelle d der als Zahnstange ausgebildete Sperrzapfen e betätigt. Durch Einschieben dieses Sperrzapfens in die entsprechenden Bohrungen der Teilscheibe a bei gleichzeitigem Festklemmen der Spannscheiben f und g mit dem ebenfalls als Zahnstange ausgebildeten und durch die Ritzelwelle d betätigten Druckzapfens h wird die Teilscheibe mit der angesetzten Bohrvorrichtung jeweils in der gewünschten Stellung festgesetzt. Durch geringfügige Umänderungen für Befestigungsmöglichkeiten können so auch, wie bereits erwähnt, Kippbohrvorrichtungen am Schwenkbock benutzt werden. Das Wenden der schweren Kippbohrvorrichtungen erfordert dann nur einen Bruchteil der Zeit und vor allem der Kraft, wie das Umdrehen solcher Vorrichtungen auf dem Bohrtisch von Hand. Für Maschinenbaubetriebe mit unterschiedlicher Fertigung ist es vorteilhaft, die Schwenkböcke in mehreren Größen zu besitzen und die schwereren mit *elektrischem Antrieb* auszurüsten.

40. Vielzweck-Bohrspannvorrichtungen bieten besonders für Betriebe, die keine ausgesprochene Massenfertigung haben, alle erdenklichen Vorteile. Mit ihrer vielseitigen Verwendbarkeit bringen sie im Vorrichtungsbau besonders in Zeiten des Facharbeitermangels eine wesentliche Entlastung. Das Einrichten auf ein anderes Werkstück erfordert einen erheblich geringeren Aufwand an Zeit und Werkstoff als die Anfertigung einer neuen Einzelvorrichtung. Ein weiterer Vorteil ist, daß die sonst immer wieder neu aufzuwendende Konstruktionsarbeit für die Vorrichtungen hierdurch gespart oder zumindest stark eingeschränkt wird. So führte die Entwicklung in immer steigendem Maße zu Einheitsvorrichtungen, die jeweils für eine große Zahl von Werkstücken innerhalb eines gewissen Größenspielraumes lediglich unter geringfügigen Abwandlungen zu verwenden sind.

Eine ganze Anzahl solcher Vorrichtungen wurde zunächst in Werksnormen, dann aber im Rahmen des Erfahrungsaustausches auf Einheitsblättern des Deutschen Normenwerkes festgelegt.

a) Schnellspannbohrvorrichtung für flache Werkstücke. Derartige Vorrichtungen mit Ein-Griff-Spannung sind in den letzten Jahren in verschiedenen Ausführungen und teilweise als Werksnormen, in Größen gestaffelt nach der lichten Weite zwischen den Säulen, entwickelt worden.

Abb. 106 bringt eine einfachere Ausführung. Die Kurvenscheibe b ist auf einer schraubenförmigen Gleitfläche abgestützt und dient dazu, das Werkstück (in diesem Fall ein Paket Flanschen) gegen die auswechselbare Bohrplatte i festzuspannen. Dabei ist es Voraussetzung, daß die Spannkurve zur Erzielung der notwendigen Selbsthemmung mit einem Steigungswinkel von nicht mehr als 5 Grad ausgeführt wird. Die mit den Bohrbuchsen ausgerüstete Bohrplatte ist mit je 2 Muttern k auf den Spannsäulen befestigt. Um ein Verspannen zu vermeiden, darf sie nicht zu schwach bemessen sein.

b) Schnellbohrspannvorrichtungen für verschieden geartete Werkstücke. Die Abb. 107···109 zeigen, wie vielseitig die in Abb. 108 dargestellte für Schnellspannung konstruierte Vielzweck-Bohrspannvorrichtung verwendet werden kann.

Mit Hilfe des Spannhebels a werden über eine im Vorrichtungsblock b liegende Ritzelwelle c die an ihrem Fuß verzahnten Spannsäulen d_1 und d_2 nach unten gezogen. Die leicht austauschbare Werkstückaufnahme (in diesem Falle Prismen für das zylindrische Werkstück Abb. 107) ist zwischen den Spannsäulen angebracht. Die Bohrplatte e mit der Bohrbuchse ist auf den Spannsäulen befestigt. Das Werkstück wird entgegen der Regel mit der Bohrplatte, die häufig ebenfalls das Werkstück bestimmende bzw. zentrierende Elemente enthält, gespannt. Die Spannkraft wird vom Spannhebel auf ein Paket Stabfedern f und von dort auf Ritzelwelle

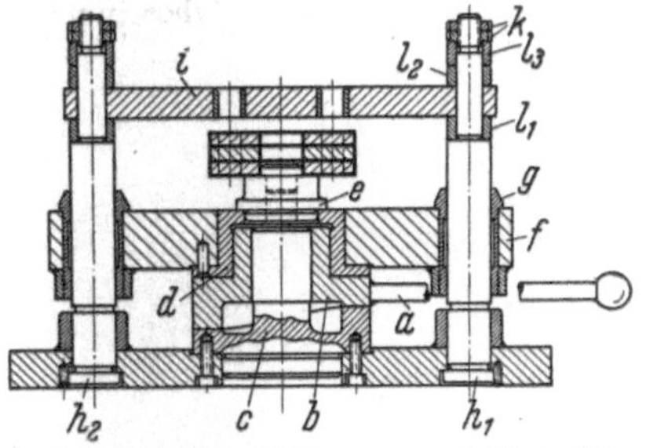

Abb. 106. Schnellbohrspannvorrichtung für flache Werkstücke bis 200 mm ⌀

Durch Rechtsdrehung von Hebel a mit Spannkurve b wird Bohrplatte f mit Werkstückaufnahme e und aufgesetzten Werkstücken auf Gegenkurve des Zapfens c entlang den Spannsäulen h hochgeführt, bis Werkstück gegen Bohrplatte i festgespannt ist; d und g gehärtete Führungsbuchsen; i auswechselbare Bohrplatte; k Befestigungsmuttern; l Paßringe

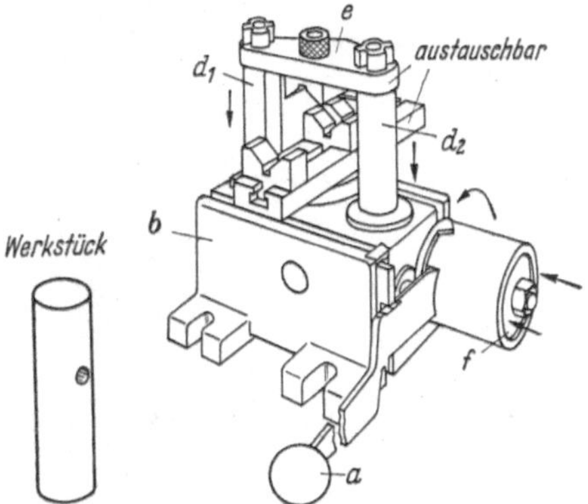

Abb. 107
Werkstück

Abb. 108. Vorrichtung

Abb. 107···109. Vielseitig verwendbare Schnellspann-Bohrvorrichtung

a Spannhebel spannt über im Vorrichtungsblock b liegende Ritzelwelle c die verzahnten Spannsäulen d_1 und d_2 und damit die Bohrplatte e gegen das Werkstück; f Stabfedern (im Gehäuse)

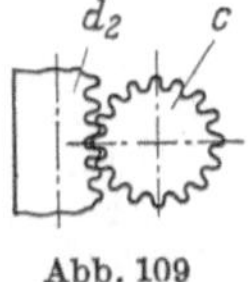

Abb. 109
Ritzel c

und Spannsäulen übertragen. Dadurch wird immer mit gleicher Kraft gespannt und ein Verspannen von Bohrplatte und Werkstück vermieden. Die Abb. 110 zeigt vier verschiedene Größen dieser Vorrichtung mit einer Reihe von austauschbaren Bohrplatten und Werkstückaufnahmen. Wenn irgend möglich, sollten wegen der besseren Späneabfuhr für diese Vorrichtungen Formen, wie in Abb. 111 dargestellt, angestrebt werden.

c) Genormte Vielzweck-Klappbohrspannvorrichtungen. Die in den Abb. 112 und 114 gezeigten Klappbohrspannvorrichtungen sind durch Austausch des die Bohrbuchsen tragenden Klappdeckels und der Teilaufnahmen für eine ganze Reihe gleicher Werkstücke innerhalb einer gewissen Größenordnung sowie ähnlicher Werkstücke verwendbar.

Die Klappbohrspannvorrichtung Abb. 112 nach DIN E 90016 ist für eine Lasche aus Stahlblech (Abb. 113) eingerichtet. Die Auflagefläche der Vorrichtung ist mit der aufgeschraubten Teilaufnahme *a* versehen, die der Werkstückform entspricht. Die in der Teilaufnahme angebrachten Stifte halten das Werkstück und bestimmen es. Festgespannt

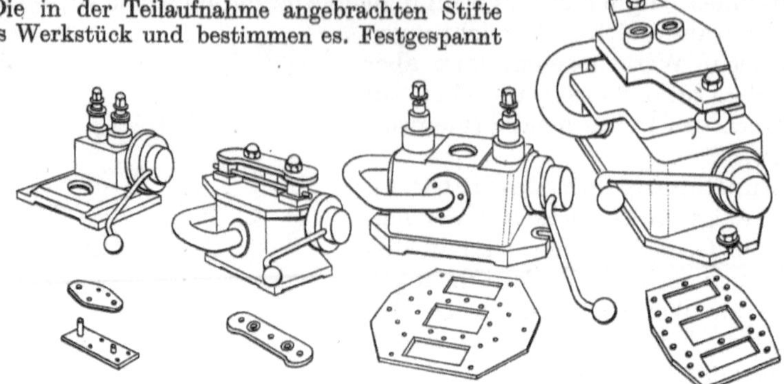

Abb. 110. Schnellspann-Bohrvorrichtungen nach Abb. 108
Vier verschiedene lichte Weiten zwischen den Säulen von
100···400 mm. Darunter Bohrplatten

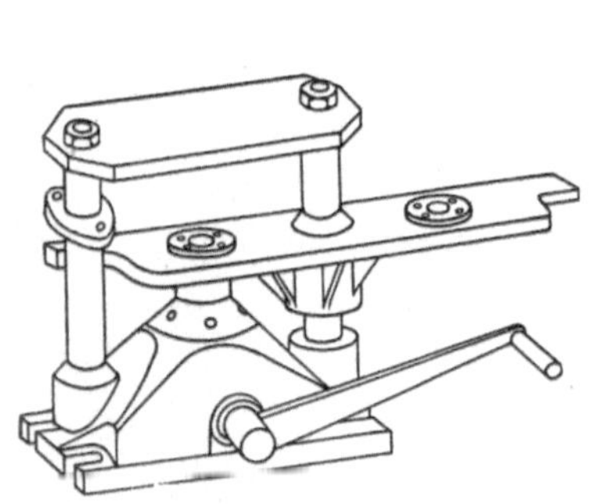

Abb. 111.   Schnellspann-Universal-
Bohrvorrichtung

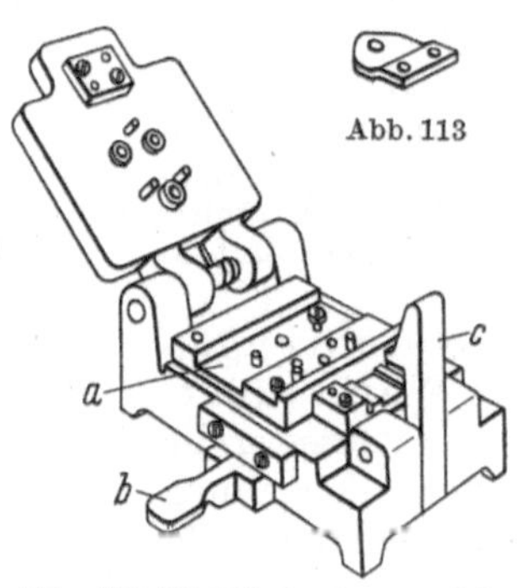

Abb. 112. Klappbohrspannvorrichtung nach DIN E 90016. Eingerichtet für Lasche

a Teilaufnahme; *b* Auswerfer;
c Schnapper

Abb. 113. Werkstück zu Abb. 112

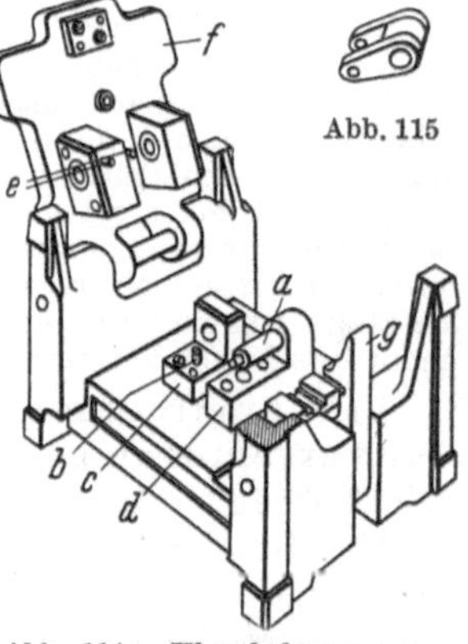

Abb. 114.   Klappbohrspannvorrichtung nach DIN E 90017. Eingerichtet für Hebel

a Aufnahmestift; *b* Stellschraube;
c und *d* Teilaufnahmen; *e* Druckstift; *f* Deckel; *g* Schnapper

Abb. 115. Werkstück zu Abb. 114

wird es durch drei im Deckel angebrachte federnde Stifte. Für das Ausbringen des Werkstückes ist der Auswerfer *b* vorgesehen. Durch Fingerdruck auf den Deckel wird die Vorrichtung geschlossen; durch Druck gegen den Schnapper *c* federt der Deckel selbsttätig hoch. Auch diese Vorrichtung ist ihrer Verwendungsart nach eine Standbohrspannvorrichtung.

Die Klappbohrspannvorrichtung Abb. 114 nach DIN E 90017 ist für ein kleines Hebelchen (Abb. 115) eingerichtet, dessen Nabenbohrung bereits auf der Revolverbank eingearbeitet worden ist. Das Werkstück wird durch den Stift *a* und zwei Stellschrauben *b* der Teilaufnahmen *c* und *d* sowie durch den federnden Druckstift *e* des Deckels *f* in seiner vorbestimmten Lage gehalten. Diese Vorrichtung ist als Kippbohrspannvorrichtung anzusehen, weil von zwei Seiten gebohrt werden muß. Die Betätigung ist dieselbe wie bei der Vorrichtung Abb. 112.

D. Bohrspannvorrichtungen in Verbindung mit Maschinenspindeln oder Arbeitsvorrichtungen

Die nachfolgend beschriebenen sehr praktischen Einrichtungen zum Bohren ermöglichen es, viele Arten von Werkstücken zwangsläufig wie in einer gewöhnlichen Bohrspannvorrichtung zu bohren, ohne daß sie in der sonst üblichen Weise festgespannt werden müssen.

41. Bohrspannvorrichtung an einfacher Bohrspindel. Mit der Anordnung in Abb. 116 können runde, quadratische oder auch rechteckige Werkstücke genau durch die Mitte gebohrt werden. Besonders gut geeignet ist sie zum Bohren von Splintlöchern in Bolzen.

Das unter Federdruck stehende mittende Spann- und Bohrerführungsstück a drückt das Werkstück beim Bohren auf die Unterlage und gibt es nach dem Bohren wieder frei, wenn der Bohrer vollständig zurückgetreten ist. Zum Entfernungsbestimmen dient die Anschlagschraube b. Die Vorrichtung kann auf die jeweilige Bohrerlänge in dem Halter c eingestellt werden und durch Auswechseln der eingeschraubten Bohrbuchse für viele Zwecke gemeinsam verwendet werden.

Abb. 117 ist ein Ergänzungsteil zu obiger Vorrichtung mit einem mittenden Innenkegel und vorzüglich zum Anbohren der Körner an Wellenenden geeignet.

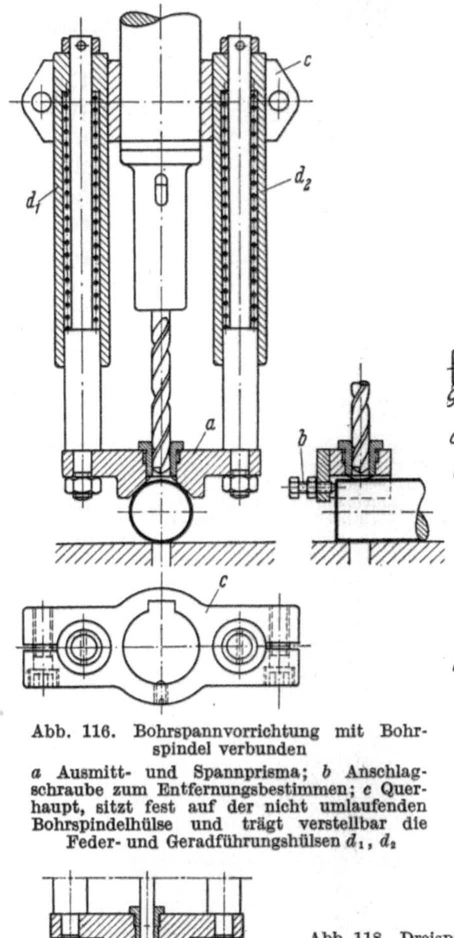

42. Bohrspannvorrichtung an Mehrspindelkopf. Durch Verbindung von Bohrspannvorrichtungen mit Mehrspindelbohrköpfen kann man dieses Bohrverfahren bei einer weiteren Anzahl von Werkstückarten anwenden.

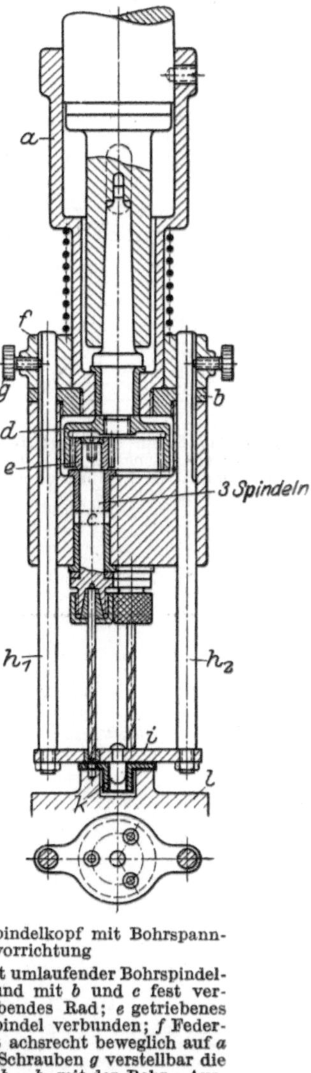

Abb. 118 zeigt einen Dreispindelkopf, der mit einer Bohrspannvorrichtung verbunden ist. Das Werkstück, eine Flanschbuchse, wird lose unter den mittenden Dorn k geschoben, wonach es sofort gebohrt werden kann. Hierbei kann die Vorrichtung mit den Kordelschrauben g auf die jeweilige Bohrerlänge eingestellt werden. Berücksichtigt man, daß bei dem gewöhnlichen Bohrverfahren das Werkstück in die Vorrichtung eingelegt und festgespannt werden muß und die Vorrichtung jedesmal vorher zu säubern ist, so wird klar, daß sich bei diesem Verfahren erhebliche Zeitersparnisse ergeben müssen.

Die so zu bohrenden Werkstücke brauchen nicht rund zu sein, sondern können beliebige Formen haben (z. B. auch rechteckig oder oval), sofern sie sich mit den zur Verfügung stehenden Mitteln durch einfachen Druck von oben mitten lassen. Besonders Stanzgegenstände können so sehr gut gebohrt werden, da sie nach den Umrissen bestimmt werden können. Man kann auch Werkstücke *in mehreren Stufen* bohren, wobei auf die zuerst gebohrten Löcher Bezug genommen wird. Abb. 119 und 120 zeigen ein Beispiel dafür: In der ersten Stufe (Abb. 119) wird das Werk-

Abb. 116. Bohrspannvorrichtung mit Bohrspindel verbunden

a Ausmitt- und Spannprisma; b Anschlagschraube zum Entfernungsbestimmen; c Querhaupt, sitzt fest auf der nicht umlaufenden Bohrspindelhülse und trägt verstellbar die Feder- und Geradführungshülsen d_1, d_2

Abb. 117. Spann- und Bohrplatte mit Innenkegelausmittung als Ergänzungsteil zu Abb. 116

Abb. 118. Dreispindelkopf mit Bohrspannvorrichtung

a Hülse, auf nicht umlaufender Bohrspindelhülse befestigt und mit b und c fest verschraubt; d treibendes Rad; e getriebenes Rad, mit Bohrspindel verbunden; f Federdruckstück, sitzt achsrecht beweglich auf a und trägt durch Schrauben g verstellbar die Führungsbolzen h_1, h_2 mit der Bohr-, Ausmitt- und Spannplatte i; k Ausmittbolzen; l Auflagetisch

stück, eine runde Scheibe, durch Innenkegel gemittet und zuerst mit drei Löchern versehen, da sich alle sechs Löcher gleichzeitig nicht bohren lassen. Für die zweite Stufe (Abb. 120) ist ein anderes mittendes und führendes Stück erforderlich, das mit drei federnden Kegeln versehen ist, die in die zuerst gebohrten Löcher eingreifen und somit das Werkstück richtig mitten und bestimmen.

43. Die Standbohrspannvorrichtung mit Mehrspindelkopf

Abb. 121 gestattet es, in zwei gleichzeitig aufgespannten Hohlzylindern von innen je zwei Schraubenlöcher auszusenken.

Der Standkörper a mit den zwei Auslegern a_1 und a_2 für die Aufnahme der Werkstücke ist fest mit dem Bohrmaschinentisch verbunden, während der Mehrspindelkopf b, c an der Bohrmaschinenspindel sitzt. Zum selbsttätigen Bestimmen der Werkstücke ist der Standkörper a mit den Federbolzen g ausgerüstet. Diese springen mit ihren Kegelenden je in ein Schraubenloch ein, sobald man die Werkstücke von Hand in die richtige Lage gedreht hat.

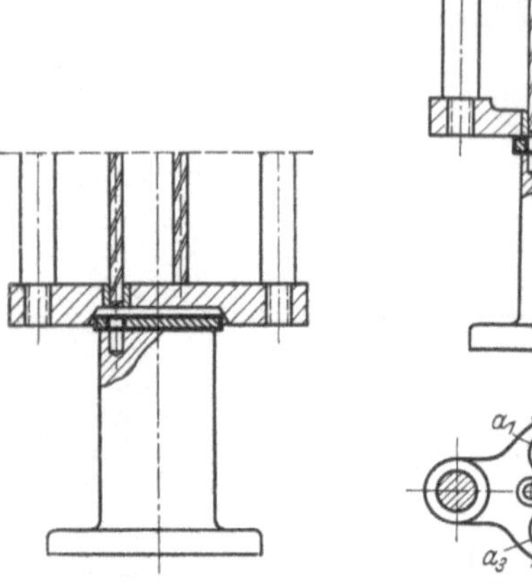

Abb. 119. Spann- und Ausmittstück mit Innenkegel für Wellenstümpfe als Ergänzungsteil zu Abb. 118

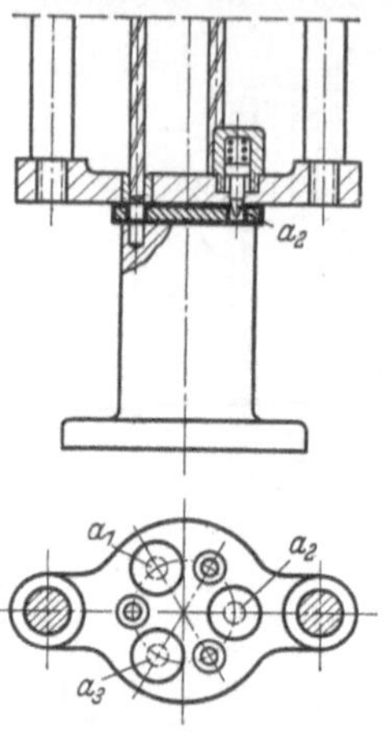

Abb. 120. Spann- und Bohrplatte mit drei ausmittenden und bestimmenden Kegelstiften als Ergänzungsteil zu Abb. 118; $a_1 \cdots a_3$ Kegelstifte stehen unter Federdruck

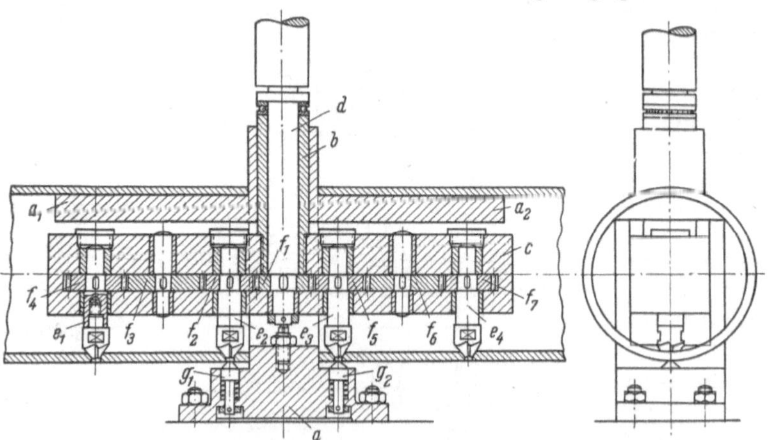

Abb. 121. Standbohrspannvorrichtung, verbunden mit Mehrspindelbohrkopf

a Standkörper, fest verbunden mit Maschinentisch und mit Auslegern a_1 und a_2 für Aufnahme der Werkstücke; b Pinole in a achsrecht verschiebbar gelagert; c Mehrspindelträger mit b fest verbunden und in rechteckigem Durchbruch von a geführt und gegen Verdrehung gesichert; d Hauptspindel, fest verbunden mit Bohrmaschinenspindel und in b drehbar gelagert; $e_1 \cdots e_4$ Nebenspindeln, durch die Stirnräder $f_1 \cdots f_7$ von d angetrieben; g Federbolzen zum Bestimmen der Werkstücke

IV. Arbeitsvorrichtungen

A. Allgemeines

Bei den bisher behandelten Vorrichtungsarten handelt es sich ausschließlich um Vorrichtungen, die zum Spannen der Werkstücke gebraucht werden. Sie dienen nur dem Austauschbau und der Verringerung der Nebenzeiten und werden daher vornehmlich in der Reihen- und Massenfertigung gebraucht. Arbeitsvorrichtungen werden dagegen häufig auch in der Einzelfertigung erforderlich, um bestimmte oder schwierige Bearbeitungen überhaupt ausführen zu können. In der Reihen- und Massenfertigung haben sie folgende Aufgaben zu erfüllen:

1. Die Leistung gewöhnlicher Werkzeugmaschinen zu erhöhen. In diesem Fall können sie als Ergänzungseinrichtungen mit eigentlichen Maschinenaufgaben angesehen werden.

2. Handwerkliche Arbeiten beim Anreißen, Schweißen, Nieten und Zusammenbau zu erleichtern.

3. Transporte zu erleichtern und Transportzeiten zu verkürzen.

Da die Arbeitsvorrichtungen in ihrer Art und Wirkungsweise außerordentlich vielseitig und daher auch vielgestaltig sind, lassen sich keine allgemein gültigen Richtlinien für ihre Konstruktion geben. Ihre zweckmäßige Ausführung und die dabei zu beachtenden Grundsätze lassen sich nur an Hand von Beispielen erklären. Die nachfolgenden Beispiele sind entsprechend der für die Einteilung der Vorrichtungen im I. Teil (Heft 33) aufgestellten Tabelle 1 aufgeteilt. Hierdurch werden die einzelnen Arten der Arbeitsvorrichtungen entsprechend ihrem Anwendungsgebiet gut umgrenzt.

B. Arbeitsvorrichtungen für Bearbeitung durch Schneidwerkzeuge

Werkzeugsteuernde Arbeitsvorrichtungen

Hierzu gehören alle solche Vorrichtungen, die dem Schneidwerkzeug die richtige Einstellung zum Werkstück geben und es während des Arbeitsablaufs bewegen und steuern, also auch die Nachform- und Lenkvorrichtungen aller Art, die dazu dienen,

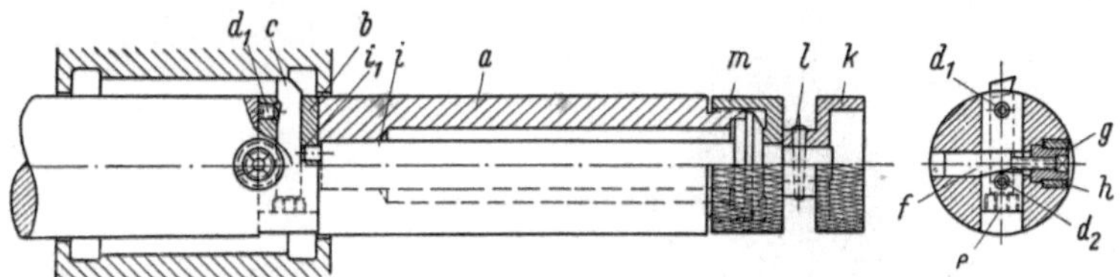

Abb. 122. Bohrstange mit Schnell- und Feinverstellung

a Bohrstangenkörper, trägt beweglich den Meißelhalter b mit dem Schneidmeißel c, der durch die Schrauben d_1 und d_2 festgeklemmt wird; e Stellschraube als Anschlag für den Schneidmeißel c; f Hubbegrenzungsriegel, durch Bundmutter mit Innenvierkant g verstellbar; h Begrenzungsnippel für g; i Stellspindel mit Exzenterzapfen i_1; k Kordelgriff, durch l mit i fest verbunden; m Überwurfmutter, zum Festklemmen von i

regelmäßig und unregelmäßig gekrümmte Flächen durch zwangsläufige Steuerung des Werkzeuges zu bearbeiten.

44. Bohrstange mit Schnell- und Feinverstellung Abb. 122 dient zum Bearbeiten von Bohrungen, die an beiden Enden verengt sind.

Beim Einführen der Stange in die Bohrung wird der Meißelhalter b mit dem Schneidmeißel durch Drehen der Stellspindel i an dem Kordelgriff k zurückgezogen und nach dem Durchschieben durch die Verengung wieder vorgestellt. Für die Einstellung der Schnittiefe ist noch eine Feineinstellung vorgesehen, deren Stellschraube mit einer Gradeinteilung versehen ist.

Eine andere häufig angewendete Art der Feinverstellung des Schneidmeißels bzw. Bohrmessers in der Bohrstange zeigt Abb. 123. Hier wird der Schneidmeißel durch die Einstellschraube b eingestellt, und zwar entsprechend der Steigung dieser Einstellschraube bei einer Umdrehung um 0,8 mm. Wenn die Schraube mit einer Skala versehen

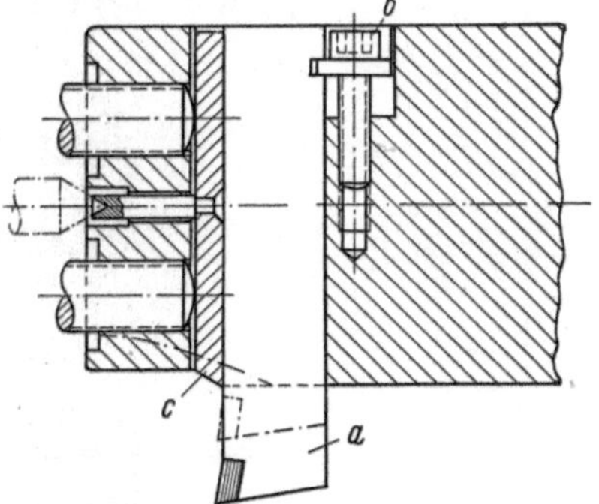

Abb. 123. Feineinstellung für Bohrstangen

a Schneidmeißel; b Einstellschraube; c Druckplatte

wird, ist es leicht, den Stahl auf 0,1 mm genau einzustellen. Diese Genauigkeit ist ausreichend für Bohrungen, die nachfolgend noch aufgerieben werden.

45. Rillenschneider. a) Abb. 124 gibt eine Vorrichtung wieder, mit der auf Bohrmaschinen in Bohrlöcher Rillen und Aussenkungen aller Art eingedreht werden können, wie in der Abbildung ersichtlich.

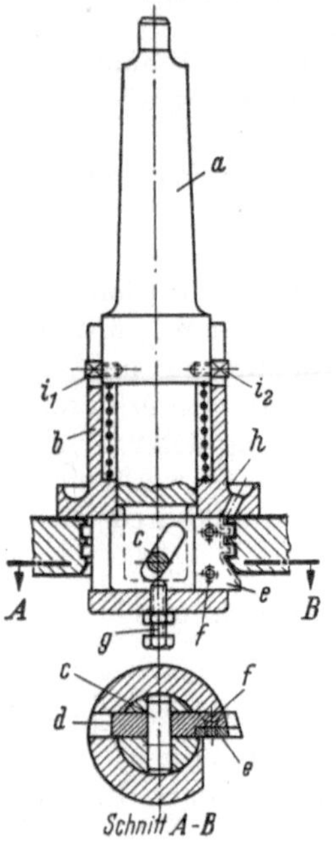

Die Vorrichtung hat sich vorzüglich bewährt und ist außerordentlich einfach zu bedienen. Beim Abwärtsdrücken des Dornes a wird durch Anschlag der Buchse b gegen das Werkstück erreicht, daß der nunmehr in seiner Abwärtsbewegung behinderte Messerbalken d mit dem Formmesser e radial hinausgedrückt wird. Durch Anschlagschraube g wird die Rillentiefe eingestellt.

Für die oben beschriebene und ähnliche Vorrichtungen oder Sonderwerkzeuge sollte der notwendige *Tiefenanschlag* besser entsprechend Abb. 125, einem Sonderwerkzeug, ausgeführt werden, wenn Leichtgängigkeit verlangt wird und Riefen an der Anschlagfläche des Werkstückes nicht erwünscht sind. Die Anschlagbuchse a stützt sich hier gegen ein Axialkugellager. Die gewünschte Tiefe wird mit der Mutter b eingestellt.

Abb. 124. Rillenschneider

a Kegeldorn, trägt achsrecht beweglich die unter Federdruck stehende Hülse b und fest den Bolzen c, der in schräger Nut des Messerbalkens d gleitet und diesen radial bewegt; e Rillenmesser, durch Schrauben f an d befestigt; g Anschlagschraube; h Kühlmittelfangrille; i_1, i_2 Mitnehmerschrauben

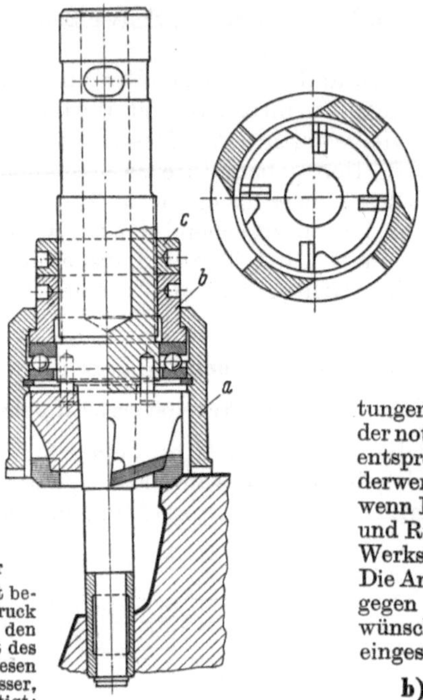

Abb. 125. Tiefenanschlag
a Anschlagbuchse; b Einstellmutter; c Gegenmutter

b) Eine sehr einfache Vorrichtung für eine verhältnismäßig sehr schwierige Arbeit, das Einstechen von Rillen in hohlgebohrte Kurbelwellen an unzugänglicher Stelle, zeigt Abb. 126, *I···III*. Die zweiteilige Bohrstange a wird mitsamt dem zurückfedernden Messer durch die Bohrung hindurchgeführt (*I*). In der Arbeitsstellung legt sich die Nase c_1 des Messers gegen das Werkstück (*II*), so daß das Messer beim Weiterschieben der Bohrstange um den Bolzen b schwenken und sein Rillenschneider c_2 in das Werkstück eindringen muß, bis es sich durch Anschlag in der Bohrstange begrenzt (*III*).

c) Den in mannigfachen Arten entwickelten mechanisch wirkenden Einstech- und Rillen-

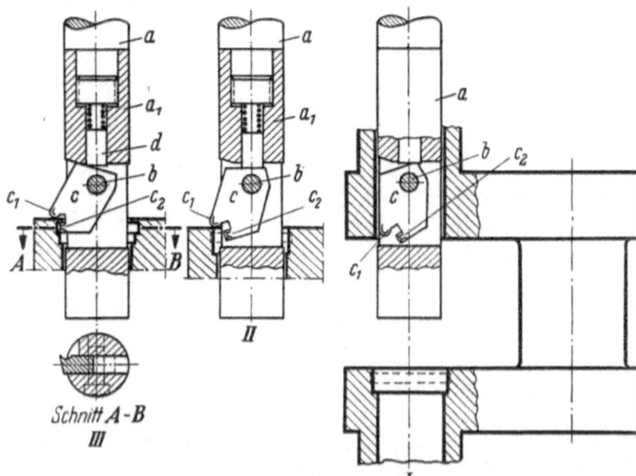

Abb. 126. *I···III*. Rillenschneider für schlecht zugängliche Stellen
a und a_1 zweiteilige Bohrstange, trägt auf Bolzenschraube b das Rillenmesser c mit Anschlagnase c_1 und Rillenschneider c_2; d Federbolzen, drückt c in die Ruhestellung *II*

schneidvorrichtungen haftet meistens der Mangel einer verwickelten Bauart an. Im Vergleich dazu ist die durch Öldruck betätigte Vorrichtung Abb. 127 verhältnismäßig einfach.

Der Hauptkörper a wird mit seinem Kegel in einer Bohrmaschinenspindel befestigt und dreht sich mit dem Einstechwerkzeug b, während der drehbar auf dem Hauptkörper sitzende, am Kordelgriff c und Handgriff d von Hand zu haltende Ring stillsteht. In dem hohlen Hauptkörper befindet sich eine Ölfüllung, die mit der zylindrischen Bohrung des Kordelgriffs durch eine Rille e in Verbindung steht. Durch Zustellen des Kordelgriffs wird der in ihm befindliche Kolben f vorgeschoben und durch die Öldruckübertragung der Kolben g im Hauptkörper nach unten bewegt. Dieser Kolben drückt dabei mit

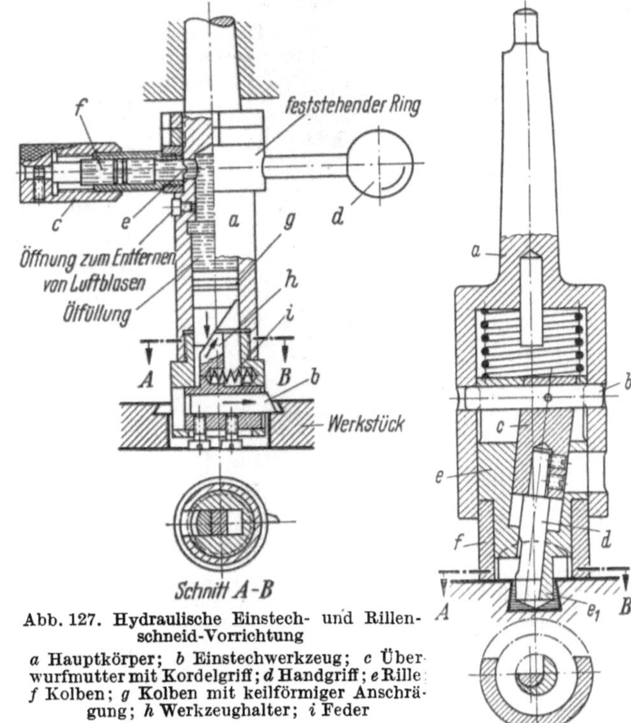

Abb. 127. Hydraulische Einstech- und Rillenschneid-Vorrichtung

a Hauptkörper; b Einstechwerkzeug; c Überwurfmutter mit Kordelgriff; d Handgriff; e Rille; f Kolben; g Kolben mit keilförmiger Anschrägung; h Werkzeughalter; i Feder

Abb. 128. Kegelbohrer

a Kegeldorn, trägt radial beweglich den Bolzen b mit dem Schneidmeißelhalter c und dem Schneidmeißel d und ferner achsrecht beweglich die unter Federdruck stehende Steuerbuchse e mit dem Führungszapfen e_1 und der Anschlagbuchse f

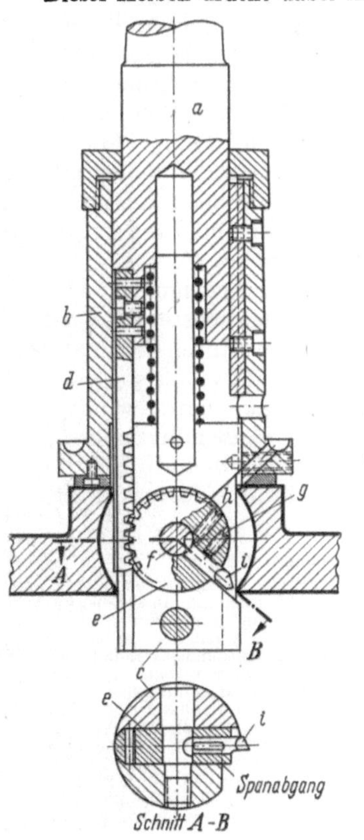

seiner keilartigen Abschrägung auf eine entsprechende Abschrägung des Werkzeughalters h. Hierdurch wird dieser seitlich verschoben, so daß das Werkzeug zum Schnitt kommt. Wenn die Einstecharbeit beendet ist, wird der Kordelgriff zurückgeschraubt und durch die Druckfeder i der Werkzeughalter-Kolben im Hauptkörper zurückgeschoben.

46. Kegelbohrer. Durch die Vorrichtung Abb. 128 können vorgebohrte Löcher auf der Bohrmaschine kegelförmig nach unten erweitert werden; der Zapfen e_1, der dem kleinsten Lochdurchmesser (auf den vorgebohrt ist) entspricht, dient dabei als Führung. Die Anschlagbuchse f wird in der Abwärtsbewegung durch das Werkstück begrenzt, während das Schaftstück a mit dem Schneidmeißel abwärts zieht.

47. Der Kugelformbohrer Abb. 129 dient zum Bohren kugelförmiger Löcher auf der Bohrmaschine.

Abb. 129. Kugelformbohrer

a Kegeldorn, trägt achsrecht beweglich die unter Federdruck stehende Buchse b mit dem zweiteiligen in b eingeschraubten Führungsstück c und ist fest verbunden mit der Zahnstange d; e Werkzeugträger, durch Bolzenschraube f mit c drehbar verbunden und mit d im Eingriff stehend; g Befestigungsschraube; h Stellschraube für den Schneidmeißel i

Die Anschlagbuchse b wird in der Abwärtsbewegung durch das Werkstück begrenzt, während das abwärtsgleitende Schaftstück a durch Zahnstange d den Werkzeugträger e schwenkt. Dabei wird das Werkstück von unten nach oben durch den Schneidstahl kugelförmig aufgebohrt. Der Zahntrieb ist gegen das Eindringen von Spänen geschützt.

48. Ausbohr- und Planwerkzeug. Das Werkzeug Abb. 130 ermöglicht es, gewisse Arbeiten billig an der Bohrmaschine auszuführen, die sonst allgemein viel teurer an der Drehbank ausgeführt werden.

Nach Durchlauf des Ausbohrstahles d durch die vorgearbeitete bzw. vorgegossene Werkstückbohrung wird der unter Federdruck stehende Körper b durch seinen Führungszapfen b_1 an der Vorrichtung in seiner Abwärtsbewegung begrenzt, während dann der abwärtsgehende Kegelzapfen a mit seiner schrägen Endfläche den in einem Schlitz des Körpers b geführten Werkzeugträger c seitlich so weit verschiebt, daß die beiden Schneidmeißel e_1 und e_2 die beiden Nabenflächen des Werkstückes abplanen.

49. Werkzeug zum Außendrehen auf der Bohrmaschine. Es kann erwünscht sein, Naben und Augen an sperrigen Werkstücken auf der Bohrmaschine nach dem Bohren des Naben- oder Augenloches gleich außen mit anzudrehen. Hierzu ist das in Abb. 131 gezeigte einfache Werkzeug bestens geeignet. Das Schneidmesser a wird hierzu durch Endmaße von der Bohrstange b aus auf den gewünschten Außendurchmesser eingestellt und durch die Schraube festgespannt.

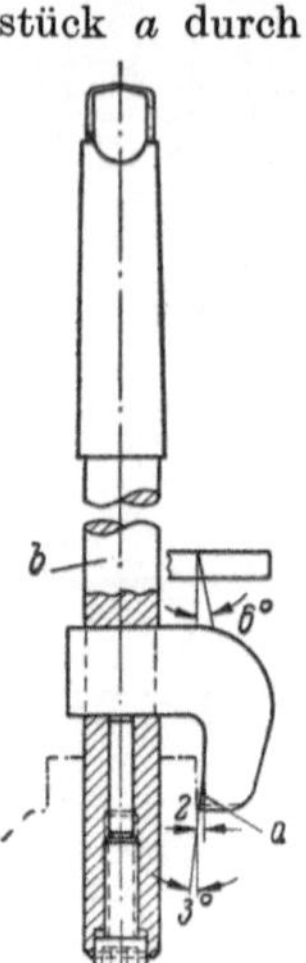

Abb. 130. Ausbohr- und Planwerkzeug

a Kegeldorn, in Körper b geführt, verschiebt mit seinem keilförmig ausgeführten Ende nach Durchlauf des Schneidmeißels d und Aufstoßen des Zapfens b_1 den Werkzeugträger c seitlich, so daß Schneidmeißel e_1 und e_2 Werkstücknabe abplanen

Abb. 131. Werkzeug zum Außendrehen auf Bohrmaschinen

a Schneidmesser; b Bohrstange

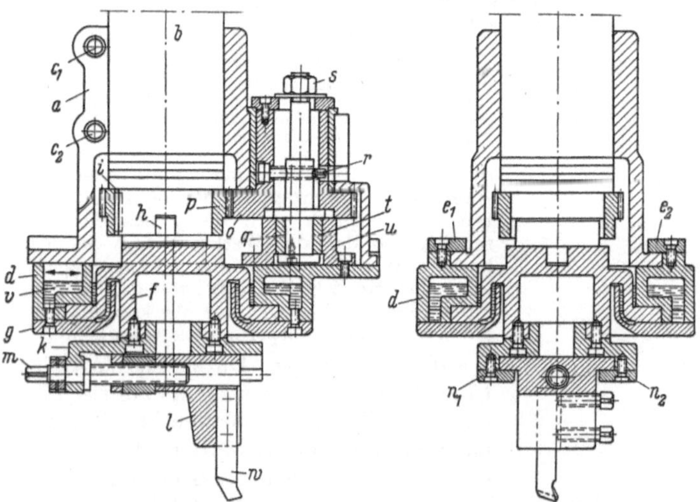

Abb. 132. Ellipsen-Bohrvorrichtung

a Führungsgehäuse, auf Bohrmaschinenpinole b durch Schrauben c_1 und c_2 befestigt; d Schlitten, auf a in Pfeilrichtung hin und her beweglich geführt und durch Deckleisten e_1 und e_2 gehalten; f Drehkörper, in d gelagert und durch Deckscheibe g gehalten, ist mittels Kreuzkuppelstück h mit der Bohrmaschinenspindel i radial verschiebbar verbunden; k Supportkörper, mit f fest verbunden; l Supportschlitten, in k durch Spindel m verstellbar geführt und durch Deckleisten n_1, n_2 gehalten; o Radbuchse, in a drehbar gelagert und durch das auf Bohrspindel i befestigte Stirnrad p angetrieben, trägt im Innern den Kurbelzapfen q, der durch Spindel r im Kurbelradius verstellbar ist und durch Mutter s mit Radbuchse o in seiner jeweiligen Stellung fest verschraubt wird; t Kulissenstein, auf q drehbar gelagert, in Kulisse u, die auf Schlitten d befestigt ist, in Pfeilrichtung hin und her beweglich; v Ölkammer dient zur Dauerschmierung von f in d; w Bohrmeißel

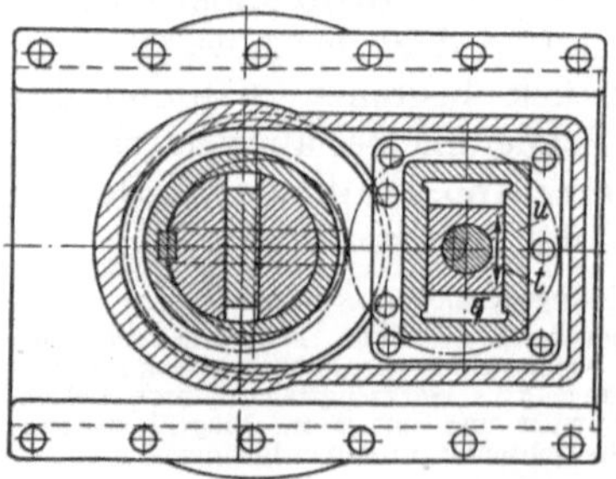

50. Die Ellipsen-Bohrvorrichtung Abb. 132 zum Ausbohren elliptischer Löcher wird auf der Pinole der Bohrmaschine durch die Schrauben c_1 und c_2 befestigt und durch die Maschinenspindel i über das Kreuzkuppelstück h angetrieben. Der Achsenunterschied der zu bohrenden Ellipse wird eingestellt durch die Spindel r. Die dem

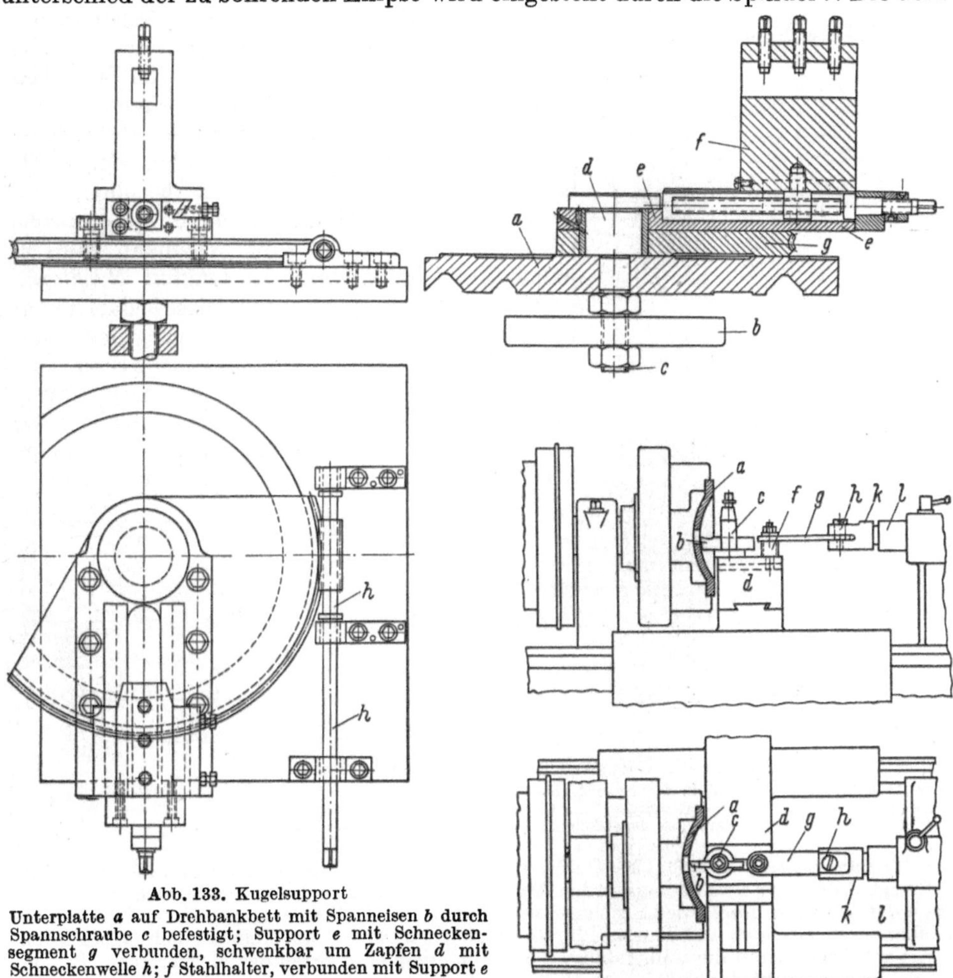

Abb. 133. Kugelsupport

Unterplatte a auf Drehbankbett mit Spanneisen b durch Spannschraube c befestigt; Support e mit Schneckensegment g verbunden, schwenkbar um Zapfen d mit Schneckenwelle h; f Stahlhalter, verbunden mit Support e

Abb. 134. Formdrehen durch Lenker

a Werkstück; b Drehmeißel; c Stichelhaus; d Querschlitten; f Lenkbolzen an d befestigt; g Lenkstange; h Lenkbolzen; k Gelenkkloben in l, Reitstock, befestigt

Verschleiß am meisten ausgesetzten Teile laufen ständig in einem Ölbade, wodurch eine große Betriebssicherheit und eine einwandfreie Arbeit gewährleistet wird.

51. Der Kugelsupport Abb. 133 wird zum Drehen kugelförmiger Werkstücke auf der Spitzendrehbank gebraucht. Die Unterplatte a trägt den um Zapfen d des Spannbolzens c schwenkbar angeordneten Support e mit dem Stahlhalter f. Support e, mit dem Schneckensegment g verbunden, läßt sich mit Schneckenwelle h, die auf der Unterplatte a gelagert ist, kreisförmig schwenken.

52. Formdrehen durch Lenker. In der Abb. 134 ist eine Einrichtung dargestellt, mit deren Hilfe es möglich ist, kugelige Hohlformen auszudrehen. Sie ist einfach herzustellen und sehr praktisch anzuwenden.

4*

53. Nachformdrehvorrichtung. Obgleich Nachform(Kopier)-Dreharbeiten heutzutage auf modernen mit hydraulischer und elektronischer Steuerung versehenen Nachformdrehbänken[1] am besten, schnellsten und billigsten ausgeführt werden,

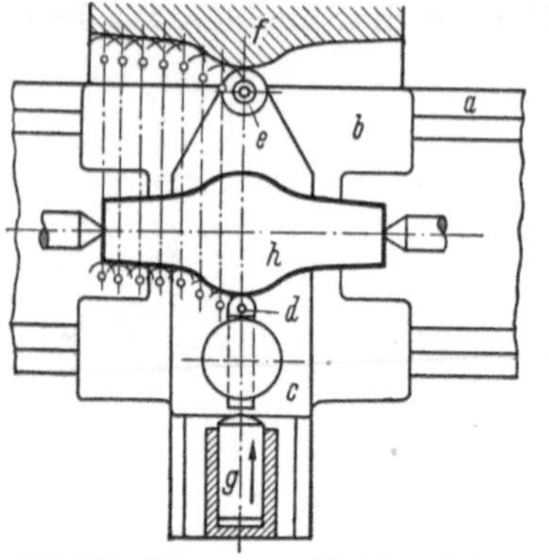

Abb. 135. Schema zum Nachformdrehen
a Drehbankbett; *b* Längsschlitten; *c* Querschlitten; *d* Drehmeißel; *e* Leitrolle auf *c* befestigt; *f* Leitschiene (Bezugsformstück), an *a* befestigt; *g* Druckluftspanner, drückt *c* mit *e* gegen Schiene *f*; *h* Werkstück

soll hier doch ein Schema zum Einrichten einer gewöhnlichen Drehbank zum Kopierdrehen in den Abb. 135 und 136 gezeigt werden, weil solche Arbeiten auch gelegentlich in kleineren Betrieben vorkommen, die über solche Werkzeugmaschinen noch nicht verfügen. Es ist heute überholt, hierfür noch Vorrichtungen anzuwenden, deren Arbeitsweise auf Federwirkungen beruhen, und wobei nur die Verstellung durch eine hydraulische Übersetzung verstärkt wird. Vielmehr sollte in jedem Fall eine *hydraulisch betätigte Nachformvorrichtung* vorgesehen werden. Diese bedarf keiner besonders angebauten Steuerelemente, wie Steuerventile, Steuerkolben und dgl., weil die Steuerung unmittelbar auf den Druckkolben wirkt. Hierdurch spricht sie auf Oberflächenunterschiede von 0,1 mm am Musterstück und auch auf schnellen Wechsel von Erhöhungen und Vertiefungen an.

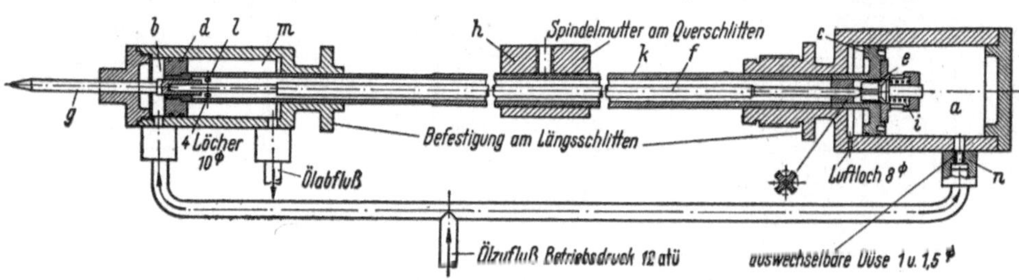

Abb. 136. Hydraulische Nachformvorrichtung für Drehbänke
a großer Zylinder; *b* kleiner Zylinder; *c* großer Kolben; *d* kleiner Kolben; *e* Ventilkegel; *f* Steuerstange; *g* Fühlerzapfen (Taster); *h* Schloß (Spindel-Mutter) am Querschlitten; *i* Ventilfeder; *k* Kolbenstange; *l* Löcher in Kolbenstange; *m* druckfreier Zylinderraum; *n* Drosselscheibe (-düse)

Wirkungsweise nach Abb. 136: Die Vorrichtung wird bei einer Drehbank am Längsschlitten befestigt. Von einer Pumpe aus werden die Zylinderräume *a* und *b* unter Öldruck gesetzt. Infolge der größeren Fläche des Kolbens *c* wird die diesem Kolben entgegenwirkende Kraft des Kolbens *d* überwunden und über den durch den gleichen Öldruck am Kolben *c* dicht abschließenden Ventilkegel *e* und die Steuerstange *f* der Fühlerzapfen *g* gegen das Meisterstück (Bezugsformstück) gedrückt, bis er hier zum Stillstand kommt. Kolben *c* bewegt sich weiter, wodurch sich der Ventilkegel *e* öffnet und der Druck so lange fällt, bis die Kräfte der Kolben *c* und *d* gleich sind. Um das gleiche Stück wird der durch die Schloßmutter *h* mit der Vorrichtung verbundene Querschlitten mit dem im Oberschlitten eingespannten Drehmeißel auf das zu bearbeitende Werkstück zu geschoben. Solange am Meisterstück nun eine grade Bahn abgefahren wird, bleibt diese Lage unverändert. Sobald aber der Fühlerzapfen *g* bei fortlaufendem Vorschub am Meisterstück auf eine Erhöhung trifft, drückt er über die Steuerstange *f* den Ventilkegel *e* gegen die Kraft der Feder *i* von seinem Sitz am Kolben *c*, so daß jetzt das Öl durch die hohle Kolbenstange *k* und die beim Kolben *d* befindlichen Durchtrittslöcher *l* sowie den druckfreien Zylinderraum *m* abfließen kann. Hierdurch wird die Kraft des Kolbens *d* größer als von *c*, denn der Ölzustrom zum Zylinder *a* ist durch die Düse *n* gedrosselt. Kolben *c* wird daher durch *d* zurückgeschoben und folgt dem Ventilkegel *e*, bis dieser nicht mehr ausweicht. Dabei wird der Querschlitten mit Oberschlitten und Drehmeißel durch die Schloßmutter *h* um das gleiche Maß zurückgezogen. Fühlerstift *g* und Ventilkegel *e* sind so entlastet, daß zur Betätigung nur die

---

[1] Siehe Werkstattbuch Heft 113: Sᴛᴀᴜ, Nachform-Einrichtungen für Drehbänke (Kopierdrehen).

Kraft der kleinen hinter dem Ventil e sitzenden Feder i zu überwinden ist. Dadurch können auch ganz steile Kurven abgefahren werden.

Das hervorstechendste Merkmal der Vorrichtung ist die Vereinigung von Kraftkolben und Steuerung in einem Element, wodurch die ganze Vorrichtung so klein und einfach ist, daß sie an jeder Werkzeugmaschine, sei es Drehbank, Fräsmaschine, Hobelmaschine oder Schleifmaschine ohne viel Kostenaufwand angebaut werden kann. In vielen Fällen wird es günstiger sein, statt der Ventilsteuerung eine Schiebersteuerung vorzusehen.

Werkstücksteuernde Arbeitsvorrichtungen

Mit diesen Vorrichtungen werden die Bewegungen des Werkstückes bei feststehendem Werkzeug zwecks besonderer Formgebungen gesteuert.

54. Ellipsen-Drehvorrichtung (Abb. 137). Sie eignet sich besonders für sehr genaue Arbeiten. Die Bearbeitung ist fliegend, weshalb der Werkstückträger b ein Spannfutter für die Aufnahme des Werkstückes tragen muß. Das Vorrichtungsgehäuse wird mit Öl gefüllt, so daß alle beweglichen Innenteile in einem Ölbade laufen.

55. Schleifvorrichtung für gekrümmte Flächen. Durch die Vorrichtung Abb. 138 werden Wälzhebel so gesteuert, daß sich ihre gekrümmte Oberfläche auf der Schleifebene abwälzt und geschliffen werden kann.

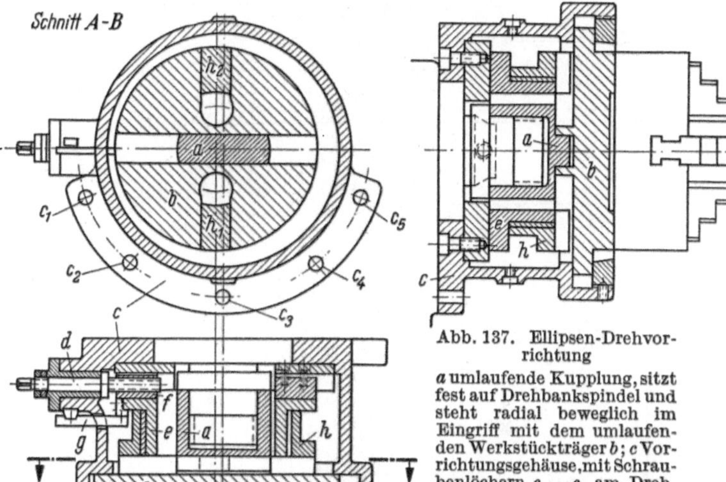

Abb. 137. Ellipsen-Drehvorrichtung

a umlaufende Kupplung, sitzt fest auf Drehbankspindel und steht radial beweglich im Eingriff mit dem umlaufenden Werkstückträger b; c Vorrichtungsgehäuse, mit Schraubenlöchern $c_1 \cdots c_5$ am Drehbankspindelkasten befestigt, trägt den durch die Schraubenspindel d radial verstellbaren Steuerring e mit der Mutter f und dem Verstellanzeiger g; h Steuerring, auf e umlaufend und durch die Knaggen h_1, h_2 mit b im Eingriff stehend

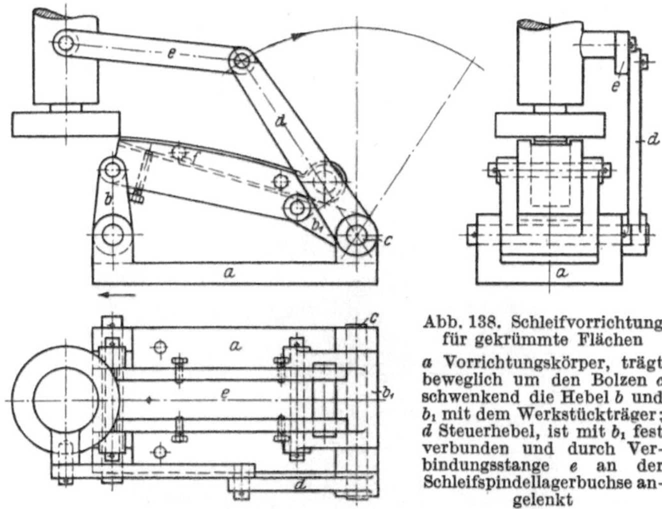

Abb. 138. Schleifvorrichtung für gekrümmte Flächen

a Vorrichtungskörper, trägt beweglich um den Bolzen c schwenkend die Hebel b und b_1 mit dem Werkstückträger; d Steuerhebel, ist mit b_1 fest verbunden und durch Verbindungsstange e an der Schleifspindellagerbuchse angelenkt

56. Die Nachform-Fräsvorrichtung Abb. 139 ist zum Fräsen von Schraubenflächen bestimmt. Sie wird in Verbindung mit einem gewöhnlichen Rundtisch verwendet. Das ringförmige Bezugsformstück u besteht aus vier gleichen Teilen, die auf Rollen laufen und schnell ausgewechselt werden können.

57. Die hydraulische Nachform-Fräsvorrichtung Abb. 140 ist beachtenswert. Sie dient zum Fräsen von Nocken und Kurvenscheiben aller Art und arbeitet nach einem hydraulischen Verfahren. Für die Rundtischbewegung und die Betätigung

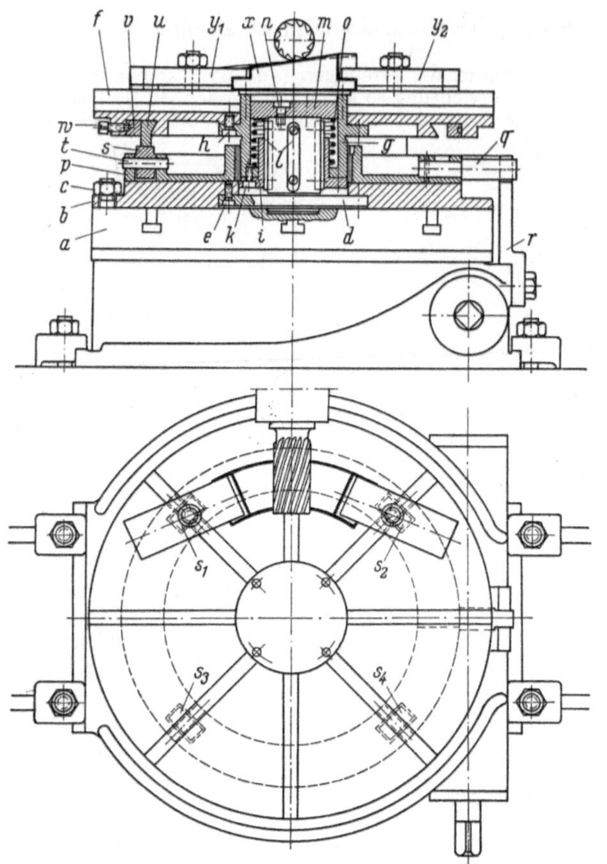

Abb. 139. Mechanische Nachform-Fräs-vorrichtung

a gewöhnlicher Rundtisch; b Grundplatte, mit a durch Schrauben c fest verbunden; d Führungszapfen mit Flansch, mit b durch Schrauben e fest verbunden; f Aufspann-platte, mit Außenführungsbuchse g durch Schrauben h fest verbunden; i Innen-führungsbuchse, durch Schrauben k mit Außenführungsbuchse g fest verbunden, gleitet auf Führungszapfen d und ist durch vier Gleitfedern l gegen Verdrehung zu d gesichert; m Federdruckstück, mit d durch Schrauben n fest verbunden; o Schrauben-feder, drückt Oberteil auf Unterteil; p Rol-lenträger, auf g drehbar gelagert, wird durch Haltestift q und Haltegabel r gegen Ver-drehung gesichert; $s_1 \cdots s_4$ Kopierrollen, auf Bolzen t drehbar gelagert, drücken von unten gegen das vierteilige Bezugsform-stück u, das durch Klemmring v und eine Anzahl Schrauben w mit f fest verbunden ist; x Werkstück, durch Spanneisen y_1 und y_2 aufgespannt

Abb. 140. Hydraulische Nachform-Fräs-vorrichtung

a Grundplatte, wird durch Spannkloben b_1 und b_2 auf Fräsmaschinentisch befestigt; c Schlitten, in Pfeilrichtung beweglich und in Schwalbenschwanzführungen auf a ge-führt; d Rundtisch, in c drehbar gelagert, wird durch Schnecke e angetrieben; f Scha-blonenträger, wird durch Stirnräder g, h und i in gleichem Drehsinne bewegt wie d; k hydraulisches Getriebe, ist mit Grund-platte a fest verbunden und wird durch Motor l angetrieben; m Werkstück; n Be-zugsformstück (Schablone); o Taststift, be-einflußt das hydraulische Getriebe in der Weise, daß der Berührungsdruck von o an n gleichbleibend mäßig ist und der Schlitten c bei Kurvenanstieg oder -abfall auf der Grundplatte a verschoben wird

Abb. 139

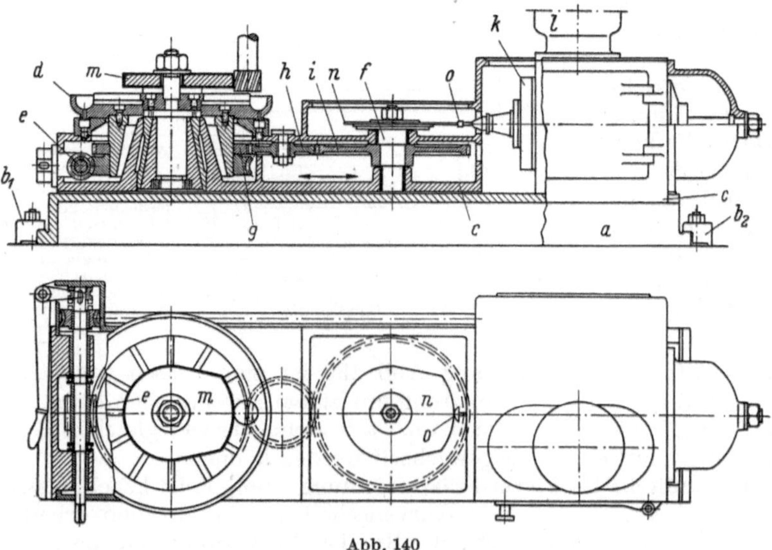

Abb. 140

des hydraulischen Getriebes ist sie mit einem Motor ausgestattet. Da der Berührungs-druck des Tastfingers o an dem Bezugsformstück n nur sehr gering ist, kann dieses aus dünnem Stahlblech angefertigt werden, während diejenigen für mechanische Vorrichtungen des starken Anpreßdruckes wegen wesentlich stärker und gehärtet sein müssen. Aus diesem Grunde wird die Vorrichtung besonders dann sehr nützlich sein, wenn zu geringer Stückzahlen wegen die Anfertigung der sehr teuren gehärte-ten Schablonen nicht lohnend ist. Es wird noch vermerkt, daß der Tastfinger o auch auf die geringsten Seitendrucke anspricht und daher sehr steile Kurven nachgeformt werden können, wie es mit einer selbsttätigen mecha-nischen Vorrichtung nicht möglich ist.

Werkzeugtragende Arbeitsvorrichtungen

Werkzeugtragende Arbeitsvorrichtungen dienen dazu, Werkzeuge gruppenweise auf das Werkstück einwirken zu lassen, um die Leistungen der Maschinen zu vervielfachen. Es sind hauptsächlich Vielstahl-halter und Vielspindelköpfe.

58. Vielstahlhalter lohnen sich erst bei größeren Werkstückzahlen, setzen dann aber die Arbeitszeiten wesentlich herab. Abb. 141 zeigt ein einfaches Bei-spiel. Für den Fall, daß an einem Werkstück viele Absätze und Nuten und Rillen einzudrehen sind, so daß viele Schneidmeißel angeordnet werden müssen und die Schnittkräfte zu groß werden, ist es zweck-

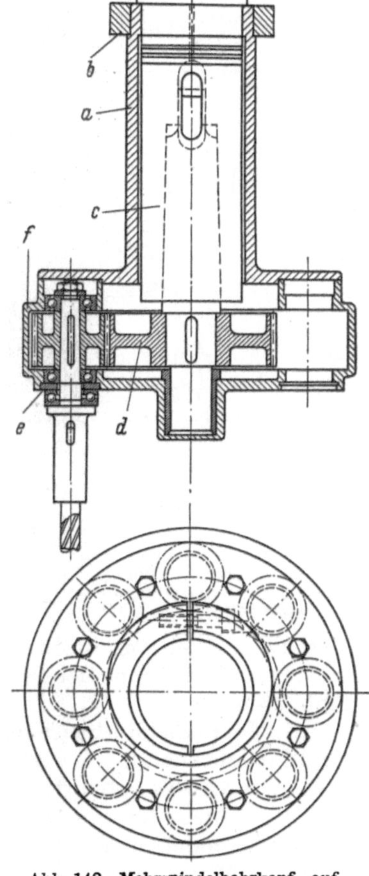

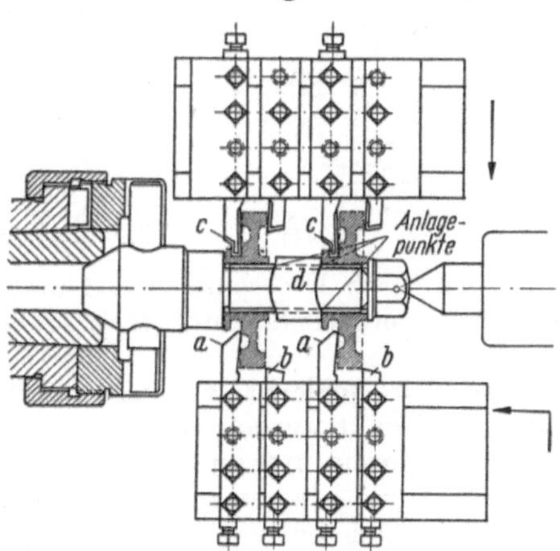

Abb. 141. Vielstahlhalter

a, b und c Werkzeuge; d Aufspanndorn für die Werkstücke

Abb. 142. Mehrspindelbohrkopf, auf Kugellagern laufend

a Deckel mit Befestigungsschaft, wird an nicht umlaufender Bohrspindel-hülse durch Klemmring b befestigt; c Kegelschaft mit treibendem Rad d, in Bohrspindel befestigt; e Gewinde-ring, in Gehäuse f befestigt

mäßig, schwenkbare Stahlhalter zu verwenden und die Stähle gruppenweise am Umfang des Stahlhalters anzuordnen.

59. Der Mehrspindelbohrkopf Abb. 142 dient zum gleichzeitigen Bohren einer größeren Anzahl von Löchern, die auf demselben Lochkreis liegen. Sämtliche Bohr-spindeln laufen in Kugellagern. Die Konstruktion hat sich bestens bewährt.

60. Preßluft-Aushebevorrichtung für Mehrspindelbohrkopf. Bei Verwendung von Mehrspindelbohrköpfen an Senkrechtbohrmaschinen wird die Bohrspindel durch

4*

das Gewicht des Kopfes belastet, so daß die Aufwärtsbewegung der Bohrspindel erschwert wird. Man kann den Übelstand dadurch beseitigen, daß man das Gegengewicht vergrößert. Das geht aber nicht immer. Auf jeden Fall aber ist es besser, für den Auftrieb eine Hebevorrichtung vorzusehen, um Kraft und Zeit zu ersparen. Abb. 143 zeigt, wie es z. B. durch eine Preßlufteinrichtung geschehen kann: In der Mitte des Bohrkopfes ist ein Preßluftkolben angeordnet, der in einen mit der Standbohrspannvorrichtung verbundenen Zylinder eintaucht. Aufwärts wird der Kopf mit der Bohrspindel durch Preßluft, abwärts durch das Eigengewicht bewegt. Die

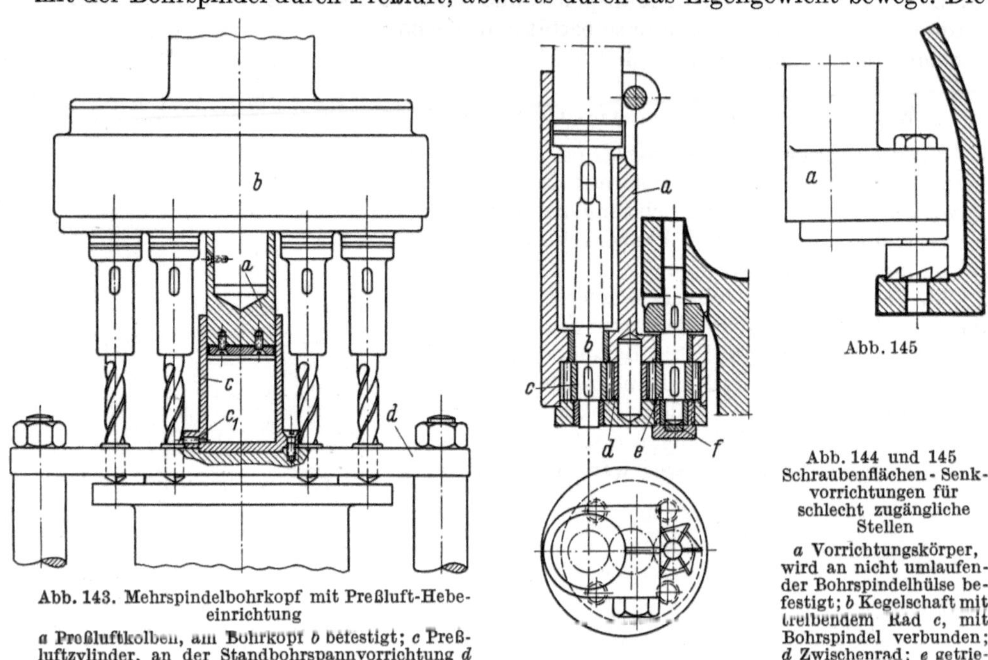

Abb. 143. Mehrspindelbohrkopf mit Preßluft-Hebe-
einrichtung

a Preßluftkolben, am Bohrkopf *b* befestigt; *c* Preßluftzylinder, an der Standbohrspannvorrichtung *d*
befestigt; c_1 Öffnung für Preßluftanschluß

Abb. 144

Abb. 145

Abb. 144 und 145
Schraubenflächen - Senk-
vorrichtungen für
schlecht zugängliche
Stellen

a Vorrichtungskörper,
wird an nicht umlaufen-
der Bohrspindelhülse be-
festigt; *b* Kegelschaft mit
treibendem Rad *c*, mit
Bohrspindel verbunden;
d Zwischenrad; *e* getriebenes Rad; *f* Spurpfanne

Geschwindigkeit für beide Bewegungen wird durch Drosselung der Durchgangs-
bzw. Austrittsöffnung des Preßluftsteuerhahnes geregelt (s. Teil I, Heft 33, 8. Aufl.,
Abb. 83 u. 84).

61. Schraubenflächen-Senkvorrichtungen für schlecht zugängliche Stellen.
Schraubenflächen können oft nur dadurch angesenkt werden, daß man eine Bohrstange durch das gebohrte Loch steckt und an ihrem unteren Ende einen Senker
befestigt. Diese Nebenarbeiten nehmen immer eine gewisse Zeit in Anspruch und
dauern besonders lange, wenn der Senker, wie es meistens geschieht, in der unprak-
tischsten Weise durch einen Kegelstift, statt durch Bajonettverschluß, befestigt
wird. Durch die Vorrichtungen Abb. 144 und 145 werden diese Nebenarbeiten gänzlich vermieden, so daß diese Konstruktionen sich bald bezahlt machen.

C. Arbeitsvorrichtungen für die Handhabung der Werkstücke

Anreißvorrichtungen

Für die Formgebung und das Anreißen der Werkstücke und das Anreißen der
Löcher werden besonders im Großmaschinenbau vielfach Anreißschablonen verwandt[1]. Für das Anreißen von Löchern und Lochgruppen trifft das besonders dann

---

[1] Siehe Werkstattbuch Heft 3: MAURI, Das Anreißen in Maschinenbau-Werkstätten.

zu, wenn sich wegen zu geringer Stückzahlen die Anfertigung kostspieliger Bohrlehren nicht lohnt, andererseits aber doch eine gewisse Arbeitsersparnis durch Austauschbarkeit, die im Falle von Durchgangslöchern auch bei Verwendung von Anreißschablonen möglich ist, erreicht werden soll. In der Regel handelt es sich hierbei um Schablonen, die entsprechend den dafür maßgebenden Umrissen ausgebildet werden oder gegebenenfalls auch gewisse Zentrieransätze erhalten. Gelegentlich ist es aber auch notwendig, statt einfacher Schablonen etwas kompliziertere Vorrichtungen zum Anreißen vorzusehen, wie nachfolgende Beispiele zeigen:

62. Vorrichtung zum Anreißen von Schlitzen in Laufbuchsen. Diese in Abb. 146 wiedergegebene Vorrichtung dient zum Anreißen bereits vorgegossener Einlaß- und

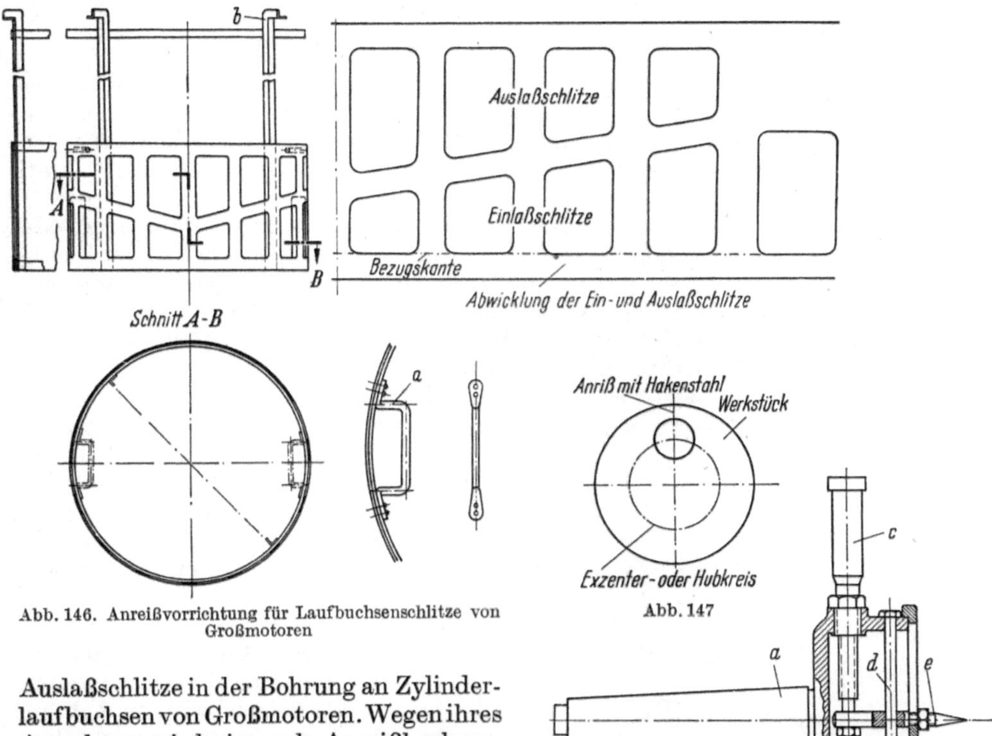

Abb. 146. Anreißvorrichtung für Laufbuchsenschlitze von Großmotoren

Abb. 147

Abb. 148

Abb. 147 und 148. Anreißvorrichtung für Kurbel- und Exzenterwellen

Vorrichtungsgehäuse mit Kegel *a* wird im Reitstock gehalten; Schlitz in Führungskapsel erlaubt mit Feinmeßschraube *c* Einstellung der Reißnadel *e* auf Hubkreis

Auslaßschlitze in der Bohrung an Zylinderlaufbuchsen von Großmotoren. Wegen ihres Aussehens wird sie auch Anreißkorb genannt. Da sie leicht zu handhaben sein muß, wird sie aus dünnen Blechen (am besten Leichtmetallblechen) zusammengebaut und mit den Handgriffen *a* versehen. Dadurch, daß sie mit ihren Winkelstegen *b* an der Bundfläche der Laufbuchse aufgehängt wird, ist sie auch entfernungsbestimmt.

63. Anreißvorrichtung für Kurbel- und Exzenterwellen. In Betrieben, die nicht über besondere Kurbelwellendrehbänke verfügen, werden Wellen mit außermittigen Zapfen nach meist langwierigem Ausrichten und Messen mit dem Parallelreißer angerissen, zwischen die Spitzen einer Drehbank gespannt und dann der Exzenterkreis mit einem in Spitzenhöhe eingestellten Hakenstahl angerissen (s. Abb. 147). Dieses Verfahren ist nicht nur zeitraubend, sondern auch ungenau, da mehrfaches Umspannen erforderlich ist.

Mit der Anreißvorrichtung Abb. 148 ist dagegen ein schnelleres und genaueres Anreißen der verschiedenen Hubkreise möglich. Die anzureißende Welle wird dazu an einem Ende im Dreibackenfutter und am anderen Ende schlagfrei im Setzstock der Drehmaschine gespannt. Mit dem am Gehäuse a vorgesehenen Kegel wird die Anreißvorrichtung im Reitstock der Drehbank gehalten und die Reißnadel e durch die Mikrometerschraube c auf die richtige Hubhöhe eingestellt. Dies ist möglich, weil die Führungskapsel b mit einem entsprechenden Schlitz versehen ist. Die Anreißnadel wird dabei auf dem Führungsstift d geführt. Nach der Einstellung der Reißnadel läßt man sie während einer Umdrehung an der Welle berühren. Dadurch erhält man einen genaueren Hubkreis, und wenn dieser für beide Seiten vorgesehen ist, so braucht man die Welle nur umzuspannen.

Werkstücktragende Arbeitsvorrichtungen

Hier handelt es sich um alle jene Vorrichtungen, die weder der spanenden noch der spanlosen Verformung der Werkstücke als auch dem Austauschbau dienen, sondern dazu bestimmt sind, die Handhabung der Werkstücke bei der *Herstellung*, dem *Befördern* und dem *Zusammenbau* wie auch beim *Auseinandernehmen* zu erleichtern bzw. manchmal gar überhaupt erst zu ermöglichen.

Diese vielseitig gestalteten Vorrichtungen lassen sich nicht standardisieren oder zu bestimmten Typen zusammenfassen. Es bleibt hierbei in jedem Fall der Findigkeit des Vorrichtungskonstrukteurs überlassen, jeweils die günstigste und zweckentsprechende Lösung zu finden. Als Anhalt ist jedoch nachfolgend für jede dieser 3 Gruppen ein einigermaßen typisches Beispiel aufgeführt, um zumindest Art und Wesen derartiger Vorrichtungen anzudeuten.

64. Schweiß-, Löt- und Nietvorrichtungen. Mit solchen Vorrichtungen werden häufig die Teile der Werkstücke für die genannten Arbeitsvorgänge in die richtige Stellung zueinander gebracht und festgespannt. Manchmal soll aber mit ihnen auch ein stärkerer Verzug der Werkstücke während der Bearbeitung vermieden werden. In der Reihenfertigung dienen sie der einfacheren Handhabung, der genaueren Ausführung und der Herabsetzung der Arbeitszeiten.

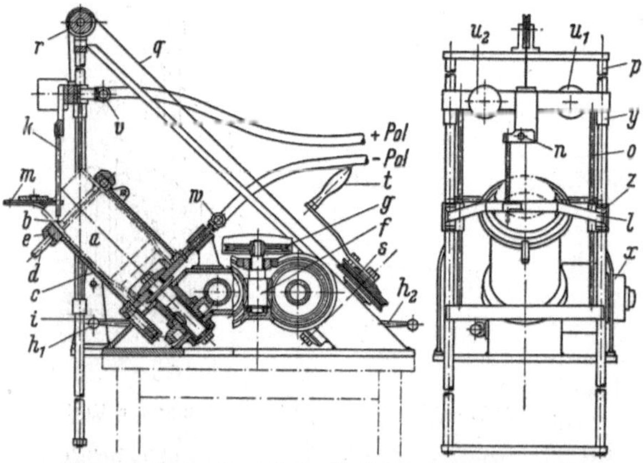

Als Beispiel wird in Abb. 149 eine zweckentsprechend konstruierte halbautomatisch arbeitende *Schweißvorrichtung* gezeigt, mit der bei einer laufenden Fertigung mit gewöhnlichen Hilfskräften eine beim Handschweißen keinesfalls zu erzielende Schweißnahtgüte erreicht und ganz erhebliche Arbeitszeiten eingespart werden können.

Abb. 149. Halbautomatisch arbeitende Schweißvorrichtung

a Werkstück (Zylinder); b eingepreßter Ring; c Aufnahmebuchse; d Bolzen; e Kurvenring; f Schnecke, im Eingriff mit zwei Schneckenrädern; g Riemenscheibe; h_1 und h_2 Kupplungshebel für die Schneckengetriebe; i Stift zur Festsetzung von c, durch h_1 mit betätigt; k Elektrode; l Bügel; m Elektrodenführung; n Flügelmutter; o Führungsrahmen; p Rundsäulen; q Drahtseil; r Seilrolle; s Seilscheibe; t Handkurbel; u_1 und u_2 Gewichte; v und w Anschlußklemmen; x Motorschalter; y und z Anschläge

In dem Zylinder a ist der bereits vorher eingepreßte Ring b einzuschweißen. Zu diesem Zweck wird der Zylinder in die unter 45° liegende Aufnahmebuchse c eingesetzt und mittels Bolzen d, auf den ein Handgriff zu stecken ist, über den Kurvenring e mit Kugeln leicht festgespannt. Die zum Schweißen erforderliche gleichmäßige Drehbewegung der Buchse c wird über ein doppeltes Schneckengetriebe f durch einen Motor mittels Riemenantrieb g

erzeugt. Eine durch den Hebel h_1 betätigte Kupplung löst die Aufnahmebuchse c, wenn der Zylinder festgespannt werden soll, von dem Schneckengetriebe, wobei zur Festsetzung der Buchse zu gleicher Zeit der Haltestift i in eine entsprechend zylindrische Bohrung eingefahren wird.

Die Elektrode k wird mittels Flügelmutter n von Hand eingespannt und durch die auf dem ausschwenkbaren Bügel l befestigte und auswechselbare Führung m ständig in der richtigen Stellung gehalten. Zur Erzielung der für das Schweißen notwendigen Schräglage ist die Elektrode zur Mittelachse versetzt angeordnet. Im übrigen steht sie als Winkelhalbierende zwischen den zu verschweißenden Flächen von Zylinder und Ring.

Zugestellt wird die Elektrode über den Rahmen o, der an den Rundsäulen p geführt und durch das Drahtseil q über die Rolle r entsprechend der Drehgeschwindigkeit des Zylinders gleichmäßig abgesenkt wird. Dabei wird die Absenkgeschwindigkeit über die Seilscheibe s von dem doppelten Schneckengetriebe f abgeleitet, das auch die Drehung des Zylinders bewirkt. Die an der Seilscheibe s angebrachte Handkurbel t dient zum schnellen Hochheben des Elektrodenrahmens nach beendeter Schweißung. Die Seilscheibe wird im Augenblick des Zurückfahrens durch die Kupplung h_2 vom Getriebe abgekuppelt. Der Rahmen o ist zwecks Erreichung eines gleichmäßigen Absinkens mit den beiden Gewichten u versehen. Die Zuführung des Schweißstromes erfolgt über die Klemmen v und w, wobei die Klemme w als Schleifring an der Aufnahmebuchse c ausgebildet sein muß.

Handhabung: Nach Einspannen des zu schweißenden Zylinders a und der Elektrode k wird die leicht kegelig angeschliffene Elektrodenspitze durch Betätigung des Motorschalters x und die dadurch erfolgte Ingangsetzung des Getriebes f bis auf wenige Millimeter der Schweißstelle genähert und dann der Antriebsmotor wieder ausgeschaltet. Den Lichtbogen zwischen der Elektrode und den zu verschweißenden Teilen erzeugt man durch einen zylindrischen ebenfalls etwas kegelig angeschliffenen Kohlestift von Hand. Sofort nach der Zündung wird der Motor wieder eingeschaltet und der Schweißvorgang läuft nun automatisch ab. Sobald die Anschläge y und z zusammentreffen, ist die Schweißung beendet. Der Lichtbogen wird unterbrochen, indem man den Rahmen o mittels Handkurbel t bis zur Ausgangsstellung hochfährt.

65. Fördervorrichtungen sind

manchmal notwendig, um nicht nur das Fördern selbst zu ermöglichen bzw. zu erleichtern, sondern auch um Beschädigungen und Verziehungen der Werkstücke zu vermeiden. Sie werden am häufigsten in der Massenfertigung gebraucht, wo sie meistens automatisch oder halbautomatisch arbeiten. In derartigen Fällen müssen sie der Fertigung und den zu fertigenden Werkstücken angepaßt werden.

Sehr oft ist es aber auch erforderlich, in der Einzelfertigung und im Großmaschinenbau spezielle Fördervorrichtungen zu erstellen, wie z. B. für das in Abb. 150 gezeigte 64 t schwere *Großgetrieberad* von 4,2 m Durchmesser, um solche Teile überhaupt erst von einer Werkstatt in die andere über die Straße oder Schiene sicher und ohne Schädigung befördern zu können.

Abb. 150. Vorrichtung zum Befördern großer Getrieberäder

66. Zusammenbau-Vorrichtungen.

Montage- und Demontagevorrichtungen sollen das Zusammenbauen und Auseinandernehmen der Werkstücke vereinfachen und manchmal überhaupt erst ermöglichen.

Wie man mit einer zweckentsprechenden Vorrichtung den Zusammenbau oder wie hier das Ausbauen von Maschinenteilen erleichtern oder überhaupt erst durch-

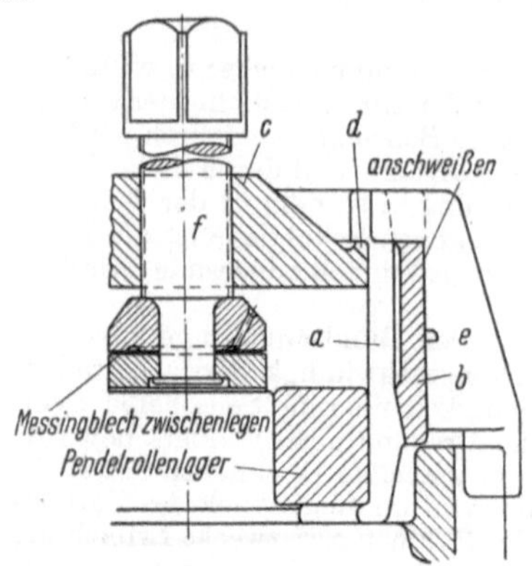

Abb. 151. Abziehvorrichtung für Wälzlager
a vier Klauensegmente; *b* Ring mit Innenkegelfläche; *c* Zugglocke; *d* hakenförmige Nasen; *e* Überfanghaube; *f* Druckschraube

führen kann, zeigt als Beispiel die *Abziehvorrichtung für Wälzlager* Abb. 151.

Das Abziehen von Kugel- und Rollenlagern ist oft sehr schwierig, da sie meistens sehr fest sitzen und oft auch wenig Raum für das Anbringen von Abziehvorrichtungen vorhanden ist. Mit der hier gezeigten Vorrichtung wird der sehr enge Raum und der Kreisumfang des Lagers ausgenutzt, um es sicher zu fassen. Der äußere Lagerring wird mit den 4 Klauensegmenten *a* unterfangen. Sie werden von einem Ring *b* mit kegeliger Anlagefläche umfaßt, so daß die Klauen festsitzen. Sie stützen sich an der Zugglocke *c* mit den hakenförmigen Nasen *d* ab. Das Ganze ist durch die Überfanghaube *e* gegen Verdrehen gesichert. Für die Druckschraube *f* soll ein Gewinde mit geringer Steigung gewählt werden, so daß ein rund 40 cm langer Schraubenschlüssel zum Abziehen des Lagers genügt.

V. Prüfvorrichtungen

Selbstverständlich erfordert ein so wichtiger Vorgang wie das Prüfen von Werkstücken ebenfalls häufig gewisse Vorrichtungen, besonders in der Reihenfertigung, wenn mit dem geringsten Zeitaufwand und so einfach und sicher wie möglich geprüft werden soll. Zwar sind alle hierfür in Frage kommenden gebräuchlichen *Meßmittel* im Schrifttum genügend behandelt, doch vermißt man ebenso wie für die im vorigen Abschnitt besprochenen Arbeitsvorrichtungen auch eine hinreichende Würdigung der Prüf*vorrichtungen* In dem vorliegenden Heft erlaubt der

Abb. 152. Vorrichtung zum Innenmessen großer Zahnkränze

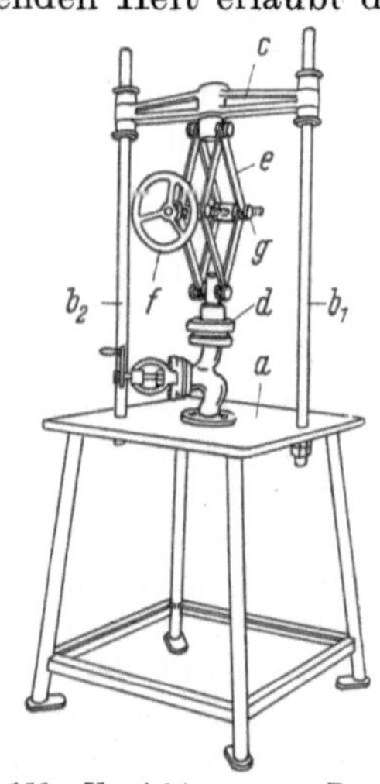

Abb. 153. Vorrichtung zur Druckprüfung von Armaturen
a Tisch mit Wasseranschluß; *b*₁ und *b*₂ Säulen; *c* Querhaupt, in der Höhe verstellbar; *d* Flansch; *e* Scherenspanner; *f* Handrad; *g* Spindel

festliegende Rahmen nur je Gruppe ein Beispiel. Doch wird hiermit wenigstens Art und Weise angedeutet.

67. Meßmitteltragende Prüfvorrichtungen Abb. 152 zeigt ein Meßgerät zum Innenmessen großer Zahnkränze auf einer Karussellbank. Da das eigentliche Meßmittel, ein Mikrometer-Stichmaß, wegen seiner Länge nur sehr schwer zu handhaben und die Messung selbst wegen der dadurch bedingten Durchbiegung sehr unsicher ist, wird es von einer aus Rohren und einer Flanschplatte zusammengeschweißten Vorrichtung getragen. Die Flanschplatte liegt dabei in der Zentrierausdrehung der Drehbankplanscheibe auf.

68. Werkstücktragende Prüfvorrichtungen. Zu den Prüfvorrichtungen gehören auch die hydraulischen und pneumatischen Vorrichtungen zum Prüfen der Werkstücke auf Dichtigkeit. Die Abb. 153 zeigt, wie man verschiedene Armaturen unterschiedlicher Größe mit einer einzigen einfachen Vorrichtung auf Dichtigkeit prüft. Der Tisch a, der von unten her Wasseranschluß besitzt, trägt das Werkstück, das an seinem unteren Flansch mit einer Packung gegen den Tisch abgedichtet wird. Auf den zwei am oberen Ende mit Gewinde versehenen Säulen b_1 und b_2 befindet sich ein in der Höhe einstellbares Querhaupt c, das einen mit einem Abdrück-

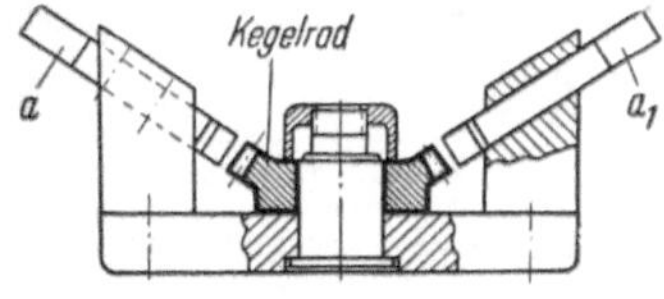

flansch d versehenen Scherenspanner e trägt, der mit dem Handrad f durch die Spindel g auf- und zugespannt werden kann und gegen den Armaturenflansch ebenfalls durch eine Packung abgedichtet wird. Zum Abdrücken selbst dient eine übliche Handpumpe, die mit einem Manometer versehen ist.

69. Meßmittel- und werkstücktragende Prüfvorrichtungen. Abb. 154 gibt das Schema einer Vorrichtung zum Prüfen von Zahndicken und der Lage der Verzahnung eines Zahnrades zu seiner Anlauffläche wieder. In diesem Fall handelt es sich bei den Lehren a_1 und a_2 um Sonderlehren, die auf der Vorrichtung zwangsmäßig in die richtige Lage gebracht werden.

Abb. 154. Prüfvorrichtung für Kegelräder

a_1 und a_2 Sonderlehren

VI. Fehlerhafte Vorrichtungen und Gegenentwürfe dazu

An Vorrichtungen, die für neuartige Werkstücke auf Grund neuer Voraussetzungen und Überlegungen zum ersten Male gebaut werden, wird man oft noch etwas zu bemängeln und zu vervollkommnen finden, auch wenn sonst alle gegebenen Richtlinien beachtet worden sind. Solche Mängel können aber nicht als Fehler angesehen werden, denn sie sind meistens zur weiteren Verbilligung des Fertigungsvorganges ohne größere Kosten abzustellen. Hier sollen wirkliche Fehler besprochen werden, die entweder gar nicht mehr oder nur mit verhältnismäßig hohen Kosten beseitigt werden können und die eher den Fertigungsvorgang hinsichtlich der Kosten und auch der Güte verschlechtern als verbessern. Als ein Fehler ist es auch anzusehen, wenn die Vorrichtungen in der Wirkungsweise zwar nicht zu beanstanden aber unnützerweise so vielgestaltig und teuer hergestellt worden sind, daß ihre Kosten nur schwer mit den durch sie zu erzielenden Ersparnissen in Einklang zu bringen sind.

Im nachfolgenden werden an einigen Beispielen aus der Praxis derartige grundsätzliche Fehler besprochen; zugleich werden aber auch gute Gegenentwürfe gezeigt, um die Kritik verständlich und fruchtbar zu gestalten.

A. Spannvorrichtungen

70. Vorrichtung zum Außenspannen. Beim Entwurf der *Rundbearbeitungs-Spannvorrichtung* Abb. 155 für topfförmige Werkstücke sind die wichtigsten Grundsätze unbeachtet geblieben, so daß sie gegenüber behelfsmäßigen Spannmitteln kaum Vorteile bringt. Die Bedienung ist umständlich, denn es sind neun Schrauben anzuziehen, von denen sechs schlecht zugänglich sind. Durch die drei Schrauben a_1, a_2 und a_3 wird das Werkstück in radialer Richtung gespannt. Sodann müssen die Schraubenstützen b_1, b_2 und b_3 eingestellt, und endlich muß das Werkstück in Achsrichtung durch die Schrauben c festgespannt werden. Es ist ein weiterer grundsätzlicher Fehler, daß das Werkstück nicht gemittet wird, wie das zum Drehen erforderlich ist. Es wird vielmehr durch zwei Reihen feststehender Schrauben bestimmt und daher, da die Durchmesser stets mehr oder weniger schwanken, meistens unrund laufen. Die Folge sind ungleichmäßige Wanddicken. Sollen sie aber gleichmäßig werden, so müssen auch die beiden Reihen feststehender Schrauben

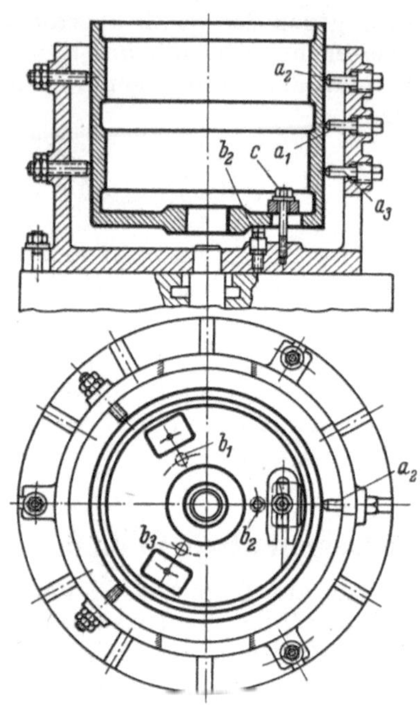

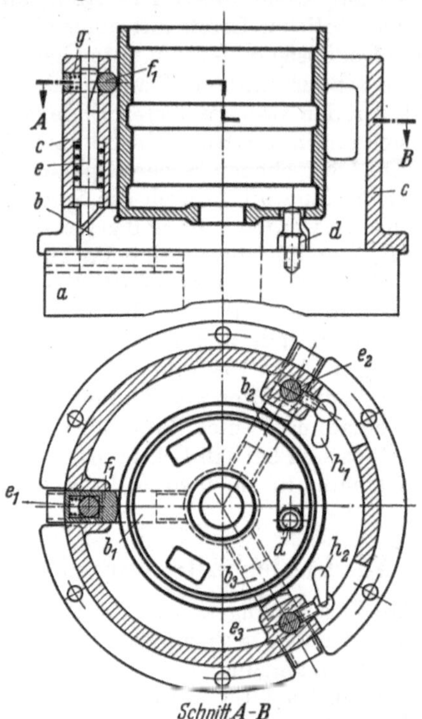

Abb. 155. Rundbearbeitungs-Spannvorrichtung mit schlechter Wirkungsweise

$a_1 \cdots a_3$ Spannschrauben; $b_1 \cdots b_3$ Schraubenstützen; c drei Festspannschrauben

Abb. 156. Rundbearbeitungs-Spannvorrichtung mit Dreibackenfutter verbunden (Gegenentwurf zu Abb. 155)

a Dreibackenfutter; $b_1 \cdots b_3$ Sonderbacken; c Vorrichtungskörper, mit a fest verbunden; d Mitnehmerbolzen; $e_1 \cdots e_3$ Stößelkeile, bewegen die Ausmittbolzen $f_1 \cdots f_3$ radial nach innen durch Federkraft; g Druckfedern, bewegen beim Anheben der Stößelkeile $e_1 \cdots e_3$ durch $b_1 \cdots b_3$ die Kloben $f_1 \cdots f_3$ nach außen; h_1, h_2 Griffschrauben zum Feststellen von e_2 und e_3

nachgeregelt werden, was aber sehr umständlich ist. Endlich ist noch ein wichtiger Grundsatz unbeachtet geblieben: das Vermeiden von Verspannungen. Es kann hier z. B. nicht geprüft werden, ob das Werkstück nicht durch die Schrauben a_1 bis a_3 unrund gespannt worden ist; denn die Verspannungsfehler zeigen sich erst nach dem Abspannen des fertigen Werkstückes.

Abb. 156 ist der *Gegenentwurf*. Diese Vorrichtung besteht hauptsächlich aus einem mittenden Dreibackenfutter a und einem darauf befestigten Topf c, der für die Aufnahme der Sonderbacken b mit Aussparungen versehen ist. Das Werkstück wird nur am Boden, der auch bei kräftigstem Druck nicht verspannt werden kann, durch das Futter festgespannt, während das andere offene Ende unter einem gleichbleibenden mäßigen Spanndruck mittende Richtung erhält. Außerdem ist noch ein Mitnehmerstift d vorgesehen, der in einen der drei Durchbrüche im Boden des Werkstückes eingreift. Die mittenden Teile f stehen mittelbar mit den Backen b in Verbindung, solange diese noch nicht zugespannt sind, und werden von ihnen gleichmäßig bewegt. Die Wirkungsweise ist also so, daß zunächst beim Zuspannen der

Backen das offene Topfende gemittet und zuletzt das Bodenende festgespannt wird, wobei sich die Backen von den Bolzen lösen. Damit sich diese durch Erschütterungen während der Bearbeitung nicht ungleichmäßig verstellen können, da sie mit ihren Betätigungsorganen nicht mehr in Berührung stehen, sind sie durch die Griffschrauben h_1 und h_2 zu sichern. Möglicherweise ist diese Sicherung aber auch gar nicht erforderlich, so daß die Spannvorrichtung tatsächlich nur durch Drehen an einer Spannfutterspindel betätigt zu werden braucht. Die Kraftwirkung der Federn auf die mittenden Teile ist selbstverständlich nur so stark, daß das Werkstück nicht verspannt werden kann.

71. Vorrichtung zum Innenspannen. Mit der Spannvorrichtung nach Abb. 157 wird das topfförmige Werkstück a von innen gespannt, damit es außen gedreht werden kann. Die Wirkungsweise der Vorrichtung kann dann nicht bemängelt werden, wenn das Werkstück innen roh ist und nur an dem Auge bearbeitet werden soll. Muß aber auch der lange Teil gedreht werden, so ist die Vorrichtung unbrauchbar, denn dieser Teil wird durch das Drehen an den einzelnen Punkten verspannt. Ganz abgesehen davon ist die Vorrichtung aber für ihren Zweck viel zu teuer, denn sie erfordert viele Paßarbeiten. Es sind darin je drei mittende Backen b und c vorgesehen, die durch zwei Rundmuttern d und e mit keilförmigen Vertiefungen und Zwieselschraube f bewegt werden.

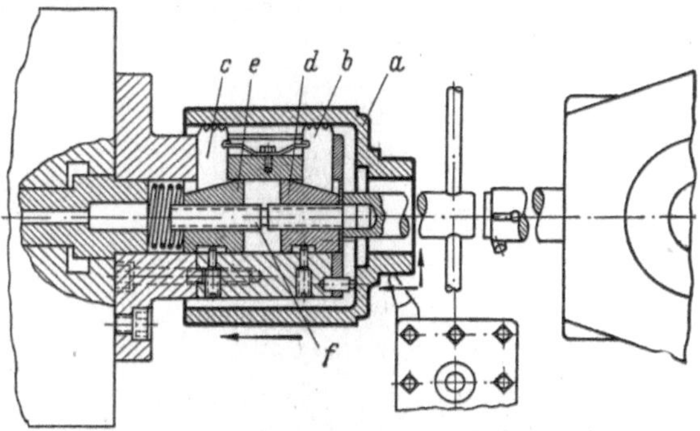

Abb. 157. Rundbearbeitungs-Spannvorrichtung, zu vielgestaltig
a Werkstück; b und c je drei mittende Backen; d und e Rundmuttern; f Zwieselschraube

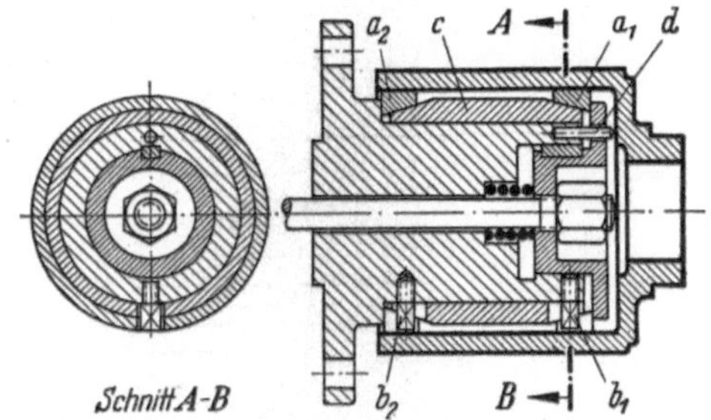

Abb. 158. Rundbearbeitungs-Spannvorrichtung (Gegenentwurf zu Abb. 157)

a_1 und a_2 Klemmringe, durch Stifte b_1 und b_2 am Verdrehen behindert; c Kegelhülse; d entfernungsbestimmender Anschlagstift

Abb. 158 ist ein *Gegenentwurf*. Es wird angenommen, daß das Werkstück innen bereits bearbeitet ist. Gemittet und gespannt wird durch zwei Klemmringe a_1 und a_2, und durch den Stift d wird das Werkstück auch entfernungsbestimmt. Die ganze Vorrichtung besteht nur aus Drehteilen und ist dadurch erheblich billiger als die vorher beschriebene. Auch ist die Wirkungsweise einwandfrei, da ein Verspannen der Werkstücke durch die gleichmäßig an der ganzen Fläche drückenden Ringe ausgeschlossen ist.

72. Spreizdorne werden häufig unsachgemäß ausgeführt. Es sind zahlreiche Konstruktionen als Vorbilder veröffentlicht, die grundsätzliche Fehler aufweisen. Da sie besonders häufig in Verbindung mit Maschinenspindeln und Preßluftspannung angewandt werden, soll nachfolgend eine kleine Auslese davon gebracht werden. Um die Fehler besser erläutern zu können, werden auch Dorne mit aufgespanntem Werkstück gezeigt, an denen die Bearbeitungsfehler (übertrieben gezeichnet) erkennbar sind.

a) Abb. 159 zeigt einen Spanndorn mit einem Klemmring, der durch einen Keil von innen auseinandergedrückt wird. Es ist unverständlich, wie ein Werk-

stück, z. B. eine Buchse, damit richtig fest und mittig aufgespannt werden kann.
Selbst wenn, wie in Abb. 160 dargestellt, r und r_1 gleich groß sind, wird das Werk-
stück kaum fest genug sitzen und einem bei a wirkenden Arbeitsdruck nachgeben.
Durch die einseitige Wirkung des Keiles b (Pfeilrichtung) wird das Werkstück aber

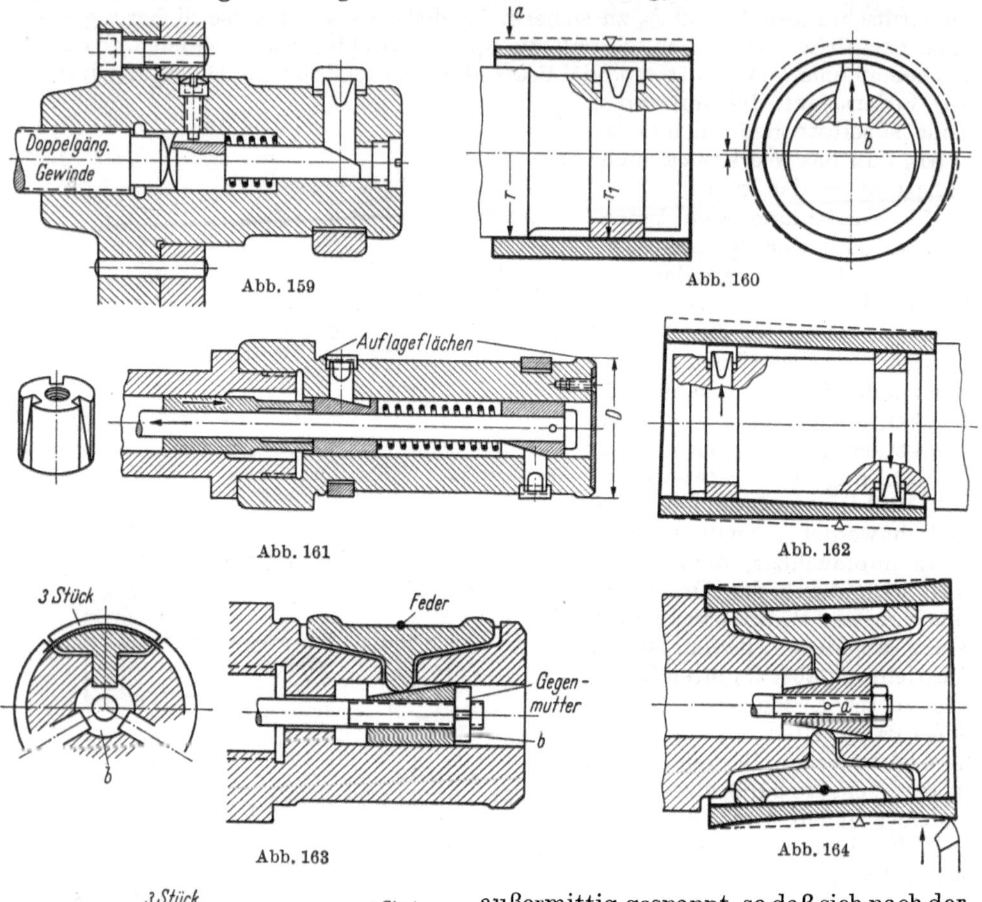

Abb. 159

Abb. 160

Abb. 161

Abb. 162

Abb. 163

Abb. 164

Abb. 165

Abb. 166

Abb. 159···166. Fehlerhafte Spreizdorne und
Backenfutter

außermittig gespannt, so daß sich nach der
Bearbeitung ungleiche Wanddicken ergeben müssen. Die Unterschiede sind gleich
dem Spiel zwischen Dorn und Bohrung.
Bei eng tolerierten Werkstücken kann das
Spiel wohl sehr klein gehalten werden, muß
aber immerhin noch so groß sein, daß das
Werkstück leicht aufgesteckt werden kann.
Handelt es sich um dünnwandige Buchsen,
so werden diese nicht nur außermittig,
sondern auch eiförmig verspannt. Grund-
sätzlich können einseitig spannende Dorne nur unter ganz bestimmten Voraussetzungen und in geeigneter Form angewendet werden (s. Abschn. 11).

b) Ganz unsinnig ist der Dorn mit zwei **Klemmringen** (Abb. 161) ausgeführt.
Durch die in entgegengesetzter Richtung vorgedrückten Spannkeile wird, wie
Abb. 162 zeigt, das Werkstück schief aufgespannt und muß nach der Bearbeitung

die gezeichnete Form erhalten. Die Anwendung von zwei Klemmringen hat gegenüber dem vorigen Beispiel jedoch den Vorteil, daß das Werkstück unbedingt festsitzt und unter der Schnittkraft nicht nachgeben kann.

c) Einen anders gearteten grundsätzlichen Fehler zeigt der Spreizdorn Abb. 163. Wohl kann damit das Werkstück in der Mitte mittig und auch so festgespannt werden, daß es sich auf dem Dorn nicht verdrehen kann. Jedoch sitzt es trotzdem lose, denn es kann sich, zusammen mit den Spannbacken, unter dem Bearbeitungsdruck um den Punkt a (Abb. 164) pendelnd bewegen, soweit es das Spiel zwischen Dorn und Bohrung gestattet. Es arbeitet auf dem Dorn, so daß sich schließlich die Spannung lockert. Buchsen erhalten auf solchem Dorn bei zylindrischer Bearbeitung eine umgekehrte Tonnenform. Schwachwandige Buchsen werden außerdem auch noch durch das Angreifen von drei Spannbacken dreieckig verspannt.

d) Einen ähnlichen groben Fehler weisen schließlich auch die Abb. 165 und 166 auf. Auch mit ihnen kann das Werkstück wohl so festgespannt werden, daß es sich nicht verdrehen kann und gut mitgenommen werden muß; es sitzt aber federnd auf dem Dorn und kann unter der Schnittkraft ausweichen, und zwar um das Spiel zwischen dem Spannkegel und der Dornbohrung. Soll ein derartiger Dorn einwandfrei arbeiten, so muß das Spiel an dieser Stelle unbedingt ganz wegfallen.

Einwandfreie Beispiele von Spannvorrichtungen für Rundbearbeitung sind in Abschn. II C (S. 8 ··· 15) angegeben.

B. Bohrspannvorrichtungen

Bohrspannvorrichtungen werden oft recht unvollkommen ausgeführt, so daß sie die Ursache zahlreicher Fehlstücke werden. Die meisten und gröbsten Fehler werden beim Aufnehmen des Werkstückes gemacht: beim Mitten oder Bestimmen und beim Unterstützen. Diese besonderen Aufgaben werden, wie aus manchen in den Fachschriften veröffentlichten Vorrichtungsbeispielen hervorgeht, vernachlässigt. Aber auch schon beim Anordnen der Spannteile werden Fehler gemacht, die viel verderben können.

73. Bohrspannvorrichtung für Schraubenlöcher. Die Vorrichtung nach Abb. 167 hat nur entfernungbestimmende Werkzeugführungen, die dem Werkzeug nur die Entfernungen, aber keine Richtung zu geben haben. Durch die Kraft der Spannschraube a wird die Wand b des Vorrichtungskörpers mehr oder weniger durchgebogen, wie übertrieben dargestellt, so daß die darin befindlichen Werkzeugführungen c_1 und c_2 den Spiralbohrer in eine ungewollt schräge Richtung zwängen. Das ist ein sehr beachtlicher Fehler, durch den das Werkzeug leidet.

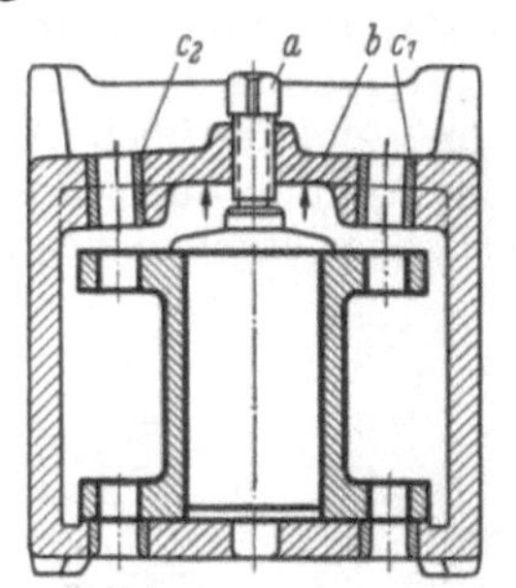

Abb. 167. Fehlerhafte Kippbohrspannvorrichtung

a Spannschraube; b Gehäusewand; c_1 und c_2 Werkzeugführungen

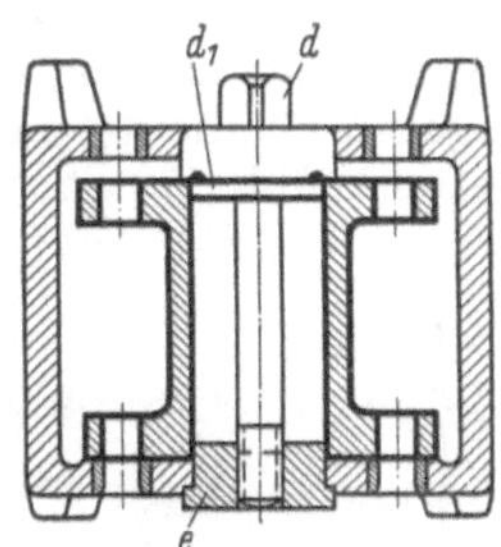

Abb. 168. Kippbohrspannvorrichtung mit richtiger Anordnung der Spannschraube (Gegenentwurf zu Abb. 167)

d Spannschraube, preßt das Werkstück auf die untere Gehäusewand; d_1 mittet das Werkstück oben, e unten

Abb. 168 zeigt einen *Gegenentwurf*. Die Spannschraube d ist dabei so angeordnet, daß die Gehäusewände keinerlei Spanndruck aufzunehmen haben und daher auch nicht durchgebogen werden können. Außerdem wird das Werkstück oben auch noch genauer gemittet.

74. Vorrichtung für zwei senkrecht zueinander stehende Bohrungen. Die Abb. 169 läßt klar erkennen, wie das Werkstück a in der Vorrichtung aufgenommen und festgespannt wird. Das ist in jeder Beziehung falsch, aus folgenden Gründen: Beim Festspannen des Werkstückes durch die Spannbuchse b federt der Bohrkasten infolge seiner bügelartigen Form etwas durch, und damit verliert die Bohrbuchse c die genaue senkrechte Richtung. Es ist ferner falsch, das allseitig bearbeitete Werkstück dadurch in dem Vorrichtungsgehäuse zu bestimmen, daß man eine dem Auge des Werkstückes genau entsprechende Vertiefung in das Vorrichtungsgehäuse eingearbeitet hat, in die es hineingelegt werden soll. Das bedingte nämlich, daß das Werkstück an der entsprechenden Stelle genau maßhaltig gearbeitet werden müßte. Auch müßten Längen- und Höhenmaß genau eingehalten werden. Das ist aber kaum so vollständig möglich, wie es die Vorrichtung erfordert, und da solch hohe Genauigkeit

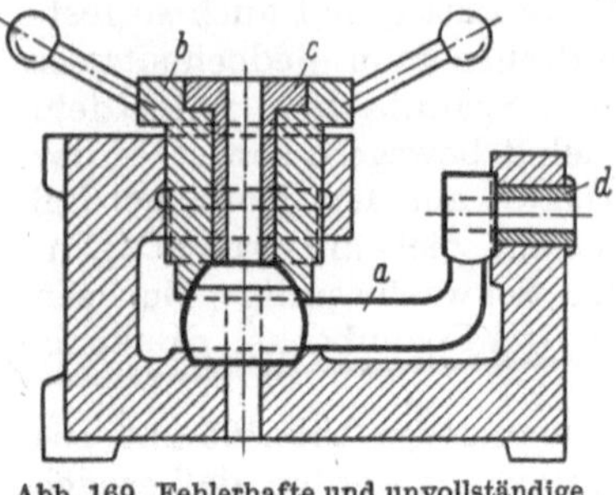

Abb. 169. Fehlerhafte und unvollständige Kippbohrspannvorrichtung

a Werkstück; b Spannbuchse; c Bohrbuchse; d Bohrbuchse

aus anderen Gründen gar nicht nötig ist, so würde diese Vorrichtung die Fertigungskosten eher erhöhen als verringern. Werden in dieser Vorrichtung aber mehr oder weniger weit tolerierte Werkstücke gebohrt, so ergeben sich die verschiedenartigsten Bohrfehler, von denen einige nachfolgend erläutert werden:

Das Werkstück ist zunächst am großen Auge überbestimmt, weil sowohl die untere Augenfläche als auch der untere Rand der äußeren Kugelform anliegen sollen. Hat die Kugel ein Übermaß oder ist das Auge zu niedrig, so kann es sich schief stellen (Abb. 170). Die Folge ist ein schiefes Loch. Ist das kleine Auge zu groß, so geht es nicht in die Ausdrehung hinein, oder es wird im günstigsten Falle nur etwas anschnäbeln. Dadurch kann das große Auge nicht gemittet werden. Die Folge ist ein außermittiges und schiefes Loch (Abb. 171). Schnäbelt das kleine Auge dagegen überhaupt nicht an, so kann auch dieses sehr leicht außermittig gebohrt werden (Abb. 172). Schiefe Löcher ergeben sich auch, wenn das Maß x nicht genau

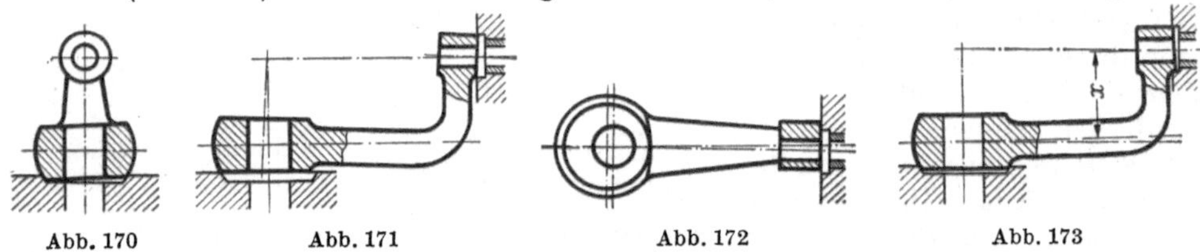

Abb. 170   Abb. 171   Abb. 172   Abb. 173

Abb. 170···173. Fehlerhafte Aufnahmen in der Vorrichtung Abb. 169 und die entstehenden Bohrfehler

eingehalten worden, z. B. kleiner ist (Abb. 173). Die Vertiefung für das große Auge ist auch an sich völlig überflüssig, da es ja durch einen Innenkegel der Bohrbuchse mittig gespannt wird. Die Vorrichtung hat noch einen weiteren grundsätzlichen Fehler: Da das kleine Auge nicht unterstützt ist, ist es unvermeidlich, daß der ganze Hebelarm unter dem Bohrdruck etwas durchfedert. Folglich kann das fertiggebohrte Loch auch keinesfalls mit der Bohrerführung fluchten.

Abb. 174 zeigt als *Gegenentwurf* eine für den gleichen Zweck entworfene Kippbohrspannvorrichtung, die zwar nicht ganz so einfach ist wie die vorige, dafür aber den Vorteil hat, daß sie brauchbar ist und daß die erwähnten Bohrfehler auch bei größeren Werkstückunterschieden bei sinngemäßer Handhabung nicht vorkommen können. Von dem Gedanken ausgehend, daß das Werkstück an dem kleinen Auge gemittet und unterstützt werden und trotzdem gut aus der Vorrichtung zu entfernen sein soll, ist es umgekehrt angeordnet worden. Da das Maß x mit Bezug auf die kleine Bohrung genau eingehalten werden soll, ist das Werkstück an der Fläche a bis a entfernungsbestimmt worden. Durch den an drei Stellen ausgesparten Innen-

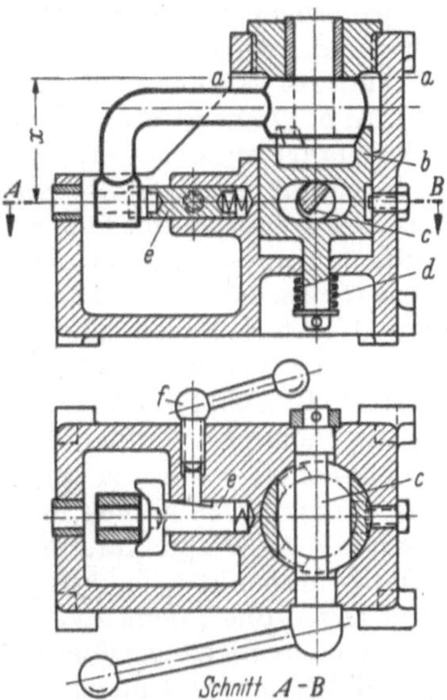

kegel b wird es am großen Auge durch Kröpf-welle c mittig festgespannt. Das kleine Auge wird halbgemittet und unterstützt durch die prismatische Federstütze e. Durch die Abflachung an der Kröpfwelle c wird das große Auge beim Entspannen so weit freigegeben, daß es aus den Knaggen entfernt werden kann.

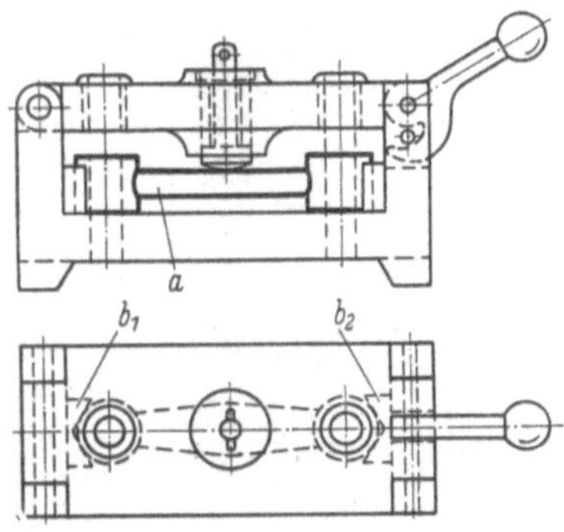

Abb. 174. Kippbohrspannvorrichtung mit richtiger Aufnahme des Werkstückes (Gegenentwurf zu Abb. 169)

$a \cdots a$ Bestimmungsebene; b Ausmitt- und Spannkegel; c Kröpfwelle (Spannexzenter); d Feder, zieht b nach unten; e federbelastete Ausmittstütze; f Klemmschraube

Abb. 175. Standbohrspannvorrichtung mit schlechter Wirkungsweise

a Werkstück; b_1 und b_2 feste Prismen

75. Bohrspannvorrichtung für zwei parallele Bohrungen. Eine weitere ebenso fehlerhafte Bohrspannvorrichtung, die ebenfalls eine Verteuerung und Verschlechterung gegenüber der handwerksmäßigen Fertigung ergäbe, zeigt Abb. 175. Das außen an den Augen bearbeitete Werkstück a wird zwischen zwei festen Prismen b_1 und b_2 aufgenommen. Das ist natürlich grundfalsch, denn es ist, abgesehen von den unnötig hohen Bearbeitungskosten, praktisch unmöglich, die Werkstücke so genau zu bearbeiten, daß sie sich alle leicht in die begrenzenden Prismenstücke hineinlegen lassen, ohne darin zu wackeln. Sie werden vielmehr, wenn sie wirklich auf einheitliches Maß gearbeitet worden sind, hinein- und herausgeschlagen werden müssen, da sie auch schon bei der geringsten Schrägstellung verecken und klemmen.

Gibt man den Werkstücken aber so viel Spiel, daß sie hemmungslos hineingelegt und herausgenommen werden können, so wird der eigentliche Zweck der Vorrichtung gar nicht erreicht; denn es ist keine Gewähr dafür gegeben, weder daß die Lochentfernung noch daß die Mitte der Augen beim Bohren eingehalten werden. Durch den Federspanndruck von oben, der wegen der Verspannungsgefahr nur sehr gering sein darf, kann das Werkstück nicht so festgehalten werden, daß es sich beim Bohren nicht verschieben kann. Es ist außerdem auch grundfalsch, die Werkstückaugen vorher außen zu bearbeiten, falls es überhaupt nötig ist. Es ist vielmehr das Gegebene, zuerst die Löcher zu bohren und dann von diesen auszugehen.

Will man obiges Werkstück oder ähnliche zwischen Prismen aufnehmen, was wohl in der Regel am zweckmäßigsten ist, so muß mindestens *ein* Prisma beweglich sein. Das Werkstück wird dann halbgemittet. Das genügt vollkommen, wenn es nach dem Bohren an den Augen bearbeitet werden soll; es genügt aber auch dann, wenn eine Bearbeitung der Augen gar nicht vorgesehen ist, weil kleine Schönheitsfehler in Kauf genommen werden können. Das bewegliche Prisma kann durch Federkraft oder auch auf andere Weise zugespannt werden. Man wird die annähernd

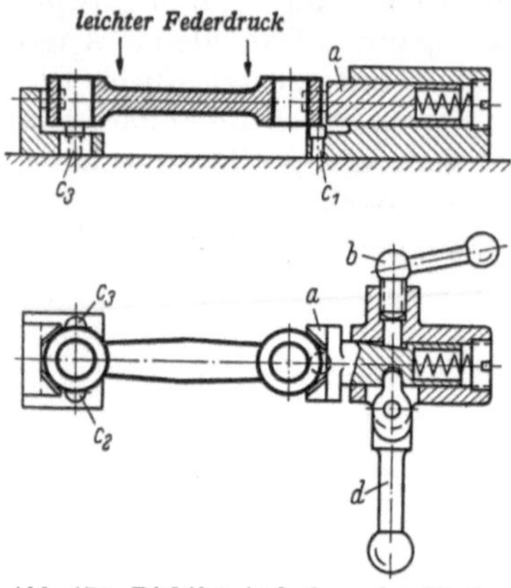

Abb. 176. Richtige Aufnahme des Werkstückes (Gegenentwurf zu Abb. 175)

a federbelastetes Prisma; b Klemmschraube; $c_1 \cdots c_3$ Flachstützen (Dreipunktauflage); d Handhebel zum Zurückziehen von a

gleichbleibende Federspannung bevorzugen, wenn die stehenbleibende Wand der Augen so dünn ist, daß sie durch handbetätigte Spannmittel verspannt werden könnte. Abb. 176 zeigt eine solche Anordnung. Um der Gefahr vorzubeugen, daß durch etwa auftretende Seitenkräfte beim Bohren das Druckprisma a zurückgedrängt werden könnte, ist die Klemmschraube b vorgesehen, die nach dem Einlegen des Werkstückes angezogen werden muß. Prismenbreite und Unterstützung sind in Abb. 175 richtig, wenn das Werkstück an den Augen schon bearbeitet ist. In Abb. 176 ist jedoch ein rohes Werkstück angenommen worden. Die Prismen sind daher sehr schmal und etwas ballig gehalten, damit sie als Punktauflage wirken. Aus diesem Grunde ist auch die Dreipunktauflage $c_1 \cdots c_3$ unerläßlich. Der Stützpunkt c_1 ist jedoch nicht ganz einwandfrei angeordnet, denn es entsteht durch den Bohrdruck ein Biegungsmoment. Das Werkstück kann daher unter Umständen etwas durchfedern, wodurch die Bohrgenauigkeit ungünstig beeinflußt wird. Dieser Stützpunkt wäre also, falls es die Genauigkeit verlangt, zu zerlegen (s. Heft 33, 8. Aufl., Abschn. 24 $\cdots$ 26). Auch dürfte dann die senkrechte Federspannung weder wie in Abb. 175 noch wie in Abb. 176 (durch die Pfeile angedeutet) angreifen, sondern müßte genau über den Stützpunkten liegen. Da das Moment jedoch nur gering ist, so kann wohl der Einfachheit halber, wie in Abb. 176, darauf verzichtet werden.

Eine Bohrspannvorrichtung für derartige Werkstücke ist auch bereits in Abb. 93 dargestellt. Die Werkstücke werden hier mit Bezug auf die Quermittelebene halbgemittet, und es müssen kleine Schönheitsfehler in Kauf genommen werden. Sind solche keineswegs erwünscht, so muß durch zwei gleichmäßig gegeneinander wirkende Prismen gemittet werden.

———————

(Fortsetzung 4. Umschlagseite)